> ビジネスで差がつく

計算力の鍛え方

「アイツは
数字に強い」
と言われる
34のテクニック

小杉拓也

ダイヤモンド社

はじめに

あなたの評価を上げる切り札は「計算力」!

　頭の中で素早く計算ができたら……。それはあなたの「武器」になります。

　例えば営業相手から
「89店舗に6台ずつ、君のとこの端末を設置しようと思う」
　と言われたとき、即座に
「534台ですね!　ご注文、ありがとうございます!!」
　と言えたらどうでしょう。

　例えば部長から
「前期の経常利益は8億円だったが、後期は11億円で着地しそうだ」
　と言われたとき、即座に
「37.5％アップですね」
　と言えたら?

　きっとあなたを、「数字に強い人」「頭の回転の速い人」、ひいては「優秀な人」と思うのではないでしょうか。少なくとも、コイツは他のヤツとは違うな、と感じるはずです。**あなたは一目置かれるようになります。**

え、そんなことで？　と思うかもしれません。でも、人の評価なんて案外そんなものです。周りを見回してみてください。たいしたことをしていないのに高い評価を受けている人はいませんか？　同じ働きなのに評価が違うと感じることはありませんか？

　そもそも普通の人間の能力差など、そんなにないのです。ものすごく優秀な人は別ですが、普通の仕事をしている普通の人の間には大きな能力差はありません。それでも出世や処遇で差がつくのは、運や性格などがあるでしょう。でも、「印象」も無視できません。

　電卓をたたくあなたは当たり前すぎて、人の印象に残りません。**でも、他の人が電卓をたたく中、あなただけ暗算でパッと答えたとしたら？**　あなたは印象に残ります。こんな少しのことがあなたのイメージを変え、評価を上げるのです。

計算が苦手なのは、あなたのせいじゃない

「でも、俺、文系だし。電卓なしで紙にも書かずに即座に計算するなんてとても無理」との声も聞こえてきそうです。大丈夫、「数学はずっと赤点だった」という人でも安心してください。なぜなら、あなたが頭の中でする計算（暗算）が苦手なのは自然なことだからです。

　あなたは学校で、九九以外の暗算を習いましたか？　習ってい

ませんよね。それならできなくても仕方がありませんよね、習ってないのですから。

　暗算にはやり方があるのです。でも学校では教わりません。私たちは暗算の代わりに小学2年生から筆算を習うため、それ以来、なんでも筆算で解こうとするクセがついてしまっています。

　例えば、「88＋39」といった小学2年生の算数レベルの計算も手元に紙と鉛筆があったら筆算してしまいませんか？　そもそも暗算しようという気が起きないのは、そういう訓練を受けていないからです。**逆に言うと、方法を習えばあなたもできるようになります。**

　私は学習塾を経営し、講師も務める傍ら、ライフワークとして暗算法の研究をしてきました。本書にはビジネスの現場で使える34の暗算法を収録しています。

　「暗算」はビジネスパーソンの趣味・特技としてお勧めです。お金がかかりませんし、実際に使える上、あなたの株も上がり、信用されやすくなります（商談もプレゼンも数字を交えて話せると信頼度が上がります。**計算力があればとっさの質疑応答なども、数字を使ってできるようになりますね**）。

　「頭の中で素早く計算ができる!」そんな自分をイメージして、それではさっそく始めましょう!

本書の構成（第2章、第3章）

難易度マーク 難易度1 すぐに使えるテクニックです
難易度2 少し練習が必要です
難易度3 練習を繰り返してマスターしましょう

難易度

2乗の暗算ができる「おみやげ暗算法」

2乗の計算も今日から電卓不要!

取引先の社長を接待中

取引先の社長――創業のときは苦労したなあー。月商わずか10万円だったんだ。
社員――えっ、御社にもそんな時期があったのですか!?
取引先の社長――それが今や月商350万円だよ。わずか3年のうちに売上が35倍になったということだね。
社員――それはすごいですね。
取引先の社長――今後も加速度的に売上を伸ばしていくぞ。3年後には現在の35倍くらいを目指していきたいものだ。
社員――創業時から現在まで35倍で、さらに現在の35倍を目指すということは……35×35で創業時の1225倍の売上を目指すということですか。さすがですね!

26

2乗計算は「おみやげ暗算法」であっという間にできる!

2ケタ×2ケタを紙とペンを使わずに瞬時に解く。もしできれば、あなたは「数字に強い人」として一目置かれること間違いなしです。電卓のないシチュエーションで2ケタ×2ケタを解くには、筆算を使うのが一般的です。でも、筆算を頭の中で解くのは容易ではありません。だからこそ、暗算でパッと答えるあなたに、人は驚き賞賛をおくるのです。

数字に強くなるために、2ケタ×2ケタの暗算法は是非とも身につけておきたいスキルです。難しい計算なしに、2ケタ×2ケタがすぐに暗算できる場合がありますので、紹介していきます。

それではまず、2ケタの数の2乗計算の方法を紹介します。52^2や93^2など2ケタの数の2乗の計算は暗算でかんたんに解くことができます。先に挙げた会話の中で、社員は35^2、つまり、35×35＝1225の計算を暗算しています。
これを例に、2乗計算の秘密兵器「おみやげ暗算法」を解説しましょう。

2乗の暗算ができる「おみやげ暗算法」

例 35×35＝

❶右の35の一の位の5を"おみやげ"として、左の35に渡します。40×30を計算して1200とします。

第2章 今すぐビジネスで役立つ基本の計算テクニック

27

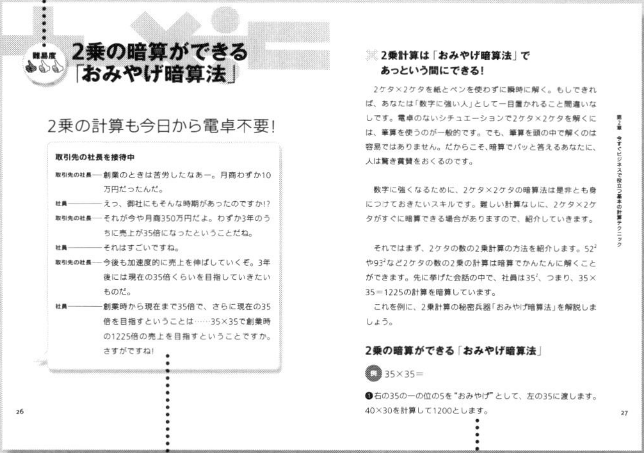

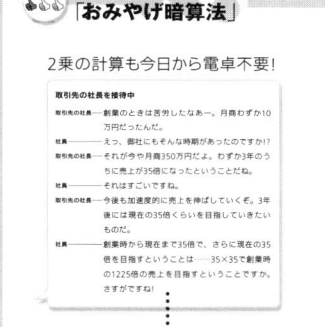

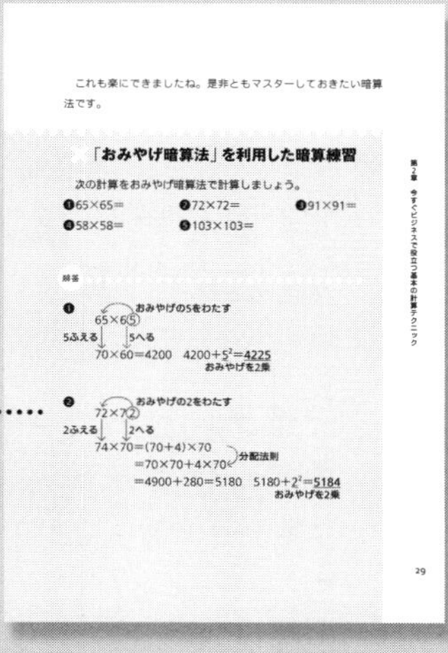

解説
計算方法を具体的に解説します。

会話例
いろいろな計算法を使った会話例です。様々なビジネスシーンで計算力が武器になることがわかります。

これも楽にできましたね。是非ともマスターしておきたい暗算法です。

「おみやげ暗算法」を利用した暗算練習

次の計算をおみやげ暗算法で計算しましょう。

❶65×65＝　❷72×72＝　❸91×91＝
❹58×58＝　❺103×103＝

解答

❶ 65×6⑤ おみやげの5をわたす
5ふえる　5へる
70×60＝4200　$4200+5^2=4225$
おみやげを2乗

❷ 72×7② おみやげの2をわたす
2ふえる　2へる
74×70＝(70＋4)×70
＝70×70＋4×70 分配法則
＝4900＋280＝5180　$5180+2^2=5184$
おみやげを2乗

第2章 今すぐビジネスで役立つ基本の計算テクニック

29

暗算練習
練習問題です。計算法を定着させるためにも、練習問題に挑戦してみましょう。

ビジネスで役立つ計算力の鍛え方｜目次

はじめに……2

あなたの評価を上げる切り札は「計算力」！
計算が苦手なのは、あなたのせいじゃない
本書の構成

第1章 計算力を鍛えて、一目置かれるビジネスパーソンになる！……11

ビジネスは数字が命！
計算が速いと日常生活でも得をする
あなたを計算ギライにした3つの理由
速く計算できるのは暗算？ 筆算？
「数学」が苦手でも数字に強くなれる！
計算に「習うより慣れて」いこう

第2章 今すぐビジネスで役立つ基本の計算テクニック……25

難易度 👍👍👍 2乗の暗算ができる
「おみやげ暗算法」……26
2乗の計算も今日から電卓不要！

難易度👍👍👍「2ケタ×2ケタ」の計算①……31
　　　5の倍数×2の倍数の場合
　　相手をあっと驚かせる「2ケタ×2ケタ」の暗算

難易度👍👍👍「2ケタ×2ケタ」の計算②……34
　　　十の位が同じで、一の位をたすと10になる場合
　　24×26＝624は2秒でできる！

難易度👍👍👍「2ケタ×2ケタ」の計算③……37
　　　十の位をたすと10になり、一の位が同じの場合
　　18×98＝1764を計算する

難易度👍👍👍「2ケタ×1ケタ」をマスターする……41
　　すべての基本となるテクニック

難易度👍👍👍「おみやげ暗算法」と
　　　　　「乗法公式」を組み合わせる！……46
　　「乗法公式」を取り入れてさらにパワーアップ！

難易度👍👍👍その他のかけ算テクニック……50
　　2ケタ×11は一瞬で計算できる！

難易度👍👍👍わり算は「約分方式」を使え！……57
　　契約1件あたりの平均売上高を出す

難易度👍👍👍1000や10000から引き算する方法……66
　　ビジネスで最頻出の暗算テクニック

難易度👍👍👍ビジネスで必須！ ざっくり計算する方法……70
　　概算の基本はたし算と引き算から

難易度 👍👍👍 かけ算わり算の「ざっくり計算法」……73
誤差を小さくする意外な工夫

難易度 👍👍👍 小数点のある計算も素早くできる……78
「小数点のダンス」でラクに計算

難易度 👍👍👍 わり算での
「小数点のダンス」の使い方……81
かけ算とわり算でダンスのしかたはどう違う?

難易度 👍👍👍 「割合計算」で一目置かれる方法……85
売上増加率が高いのはどっち?

難易度 👍👍👍 繰り下がりのある引き算を瞬時に解く……91
「逆筆算」で頭から解くテクニック

難易度 👍👍👍 「逆筆算」はたし算でも使える!……96
繰り上がりのあるたし算を計算する

第3章　プラスアルファで覚えたい!　生活でも役立つ計算テクニック……101

難易度 👍👍👍 計算ミスをすぐに見つける方法……102
検算の必殺技「九去法」を使おう!

難易度 👍👍👍 「九去法」をもっとくわしく知ろう……106
ようは「たして9になれば消す」

難易度 👍👍👍 「九去法」で引き算の検算をする!……109
「9を消す」原則は同じ

難易度 👍👍👍 「九去法」でかけ算の検算をする!……115
九去した数をかけるだけのかんたん検算法

難易度 👍👍👍 「九去法」でわり算の検算をする!……118
A÷B=CならばB×C=Aだから……

難易度 👍👍👍 統計はウソをつく!……124
割合計算のパラドックス

難易度 👍👍👍 値引きとポイント還元どちらが得?……130
数字の裏を見抜く目を養おう

難易度 👍👍👍 100%に近い割合の計算は
超かんたん……136
自社製品の展示会。来場者数を瞬時に予測する!

難易度 👍👍👍 「時間計算」は端数をたす!……141
正確な時間感覚を身につける!

難易度 👍👍👍 納期まであと何日?
日にち計算の速算法……146
カレンダーを見ずに答える方法

難易度 👍👍👍 海外出張! 現地時間を暗算する!……151
世界時計に頼らず現地時間を計算しよう

難易度 👍👍👍 何票とれば当確かすぐに分かる法……156
　　　この方法を知れば選挙速報の見方が変わるかも

難易度 👍👍👍 仕事が終わる日を求める速算術……160
　　　一人一人違う仕事の能率をどう計算する?

難易度 👍👍👍 「割り勘計算」はかけ算で解く!……165
　　　酔いが回った後もかんたんにできる割り勘計算

難易度 👍👍👍 組み合わせは何通り?……169
　　　場合の数の計算法

難易度 👍👍👍 1年後の利益予想を計算する……177
　　　等差数列の公式を使おう!

難易度 👍👍👍 "あまりなく分ける"には
　　　どうしたらいいか?……183
　　　何の倍数か一瞬で見分ける「倍数判定法」

難易度 👍👍👍 データ分析に有効! 平均の速算法……192
　　　複数の数値の「平均」を即座に求める!

第1章

計算力を鍛えて、一目置かれるビジネスパーソンになる!

なぜ計算力が必要なのか、計算力はどうしたら身に付くのかを解説します。

✖ ビジネスは数字が命!

　企業の目的は利益を上げることです。その利益や企業活動、財務状況はすべて数字で表すことができます。企業で働くビジネスパーソンは毎日のように売上や利益、ノルマなどの数字と向き合って、その数値をたしたり引いたりしながら様々な角度から次にとるべき行動を分析しています。

　このようにビジネスパーソンと数字は切っても切れない関係であり、数字に強いことはビジネススキルの1つとして重視されていることは言うまでもありません。

　例えば、商談時に比較的かんたんな計算も、すべて電卓に頼っている人がいたらどうでしょう。「この人はこんなかんたんな計算も電卓に頼って、数字に弱いのかな」と思われても仕方ありません。なかには、「この人は数字に弱いなあ。本当に信頼できるのかな……」と思われてしまうこともないとは言い切れません。

　一方、商談中にパパッと正確に暗算し、様々な数値をもとに説明することができれば、「この人は数字に強いな。説得力があるな」と頼りにされることでしょう。

　もう1つ例を挙げます。来年度に向けての利益目標を上司に報告する際、次の2つならどちらがよいでしょうか。

❶昨年度に比べて、今年度は利益が下がりました。ですから、

来年度は目標に向かって利益を上げるように努力しないといけません。
❷昨年度は4億5千万円の利益でしたが、今年度は4億円の利益になりました。来年度の利益目標は5億円です。今年度の25％増しの利益を目指すということです。

❶は数字なしの説明、❷は数字に裏付けられた説明です。❷のように**数値をはっきりさせたほうが、説得力もあり相手にも伝わりやすい**ですね。❶のような報告のしかたでは、数値を明確にして報告しなおすよう注意されるかもしれません。

また、❶では「努力しないといけません」と目標がはっきりしないのに対して、❷では「25％増しの利益を目指す」と**目指すべき目標を明確にしています**。目標が明確になれば、目標に対する適切な手段を考えることができます。

数字に裏付けられた発言をすることによるメリットは、フローチャートにすると次のようになります。

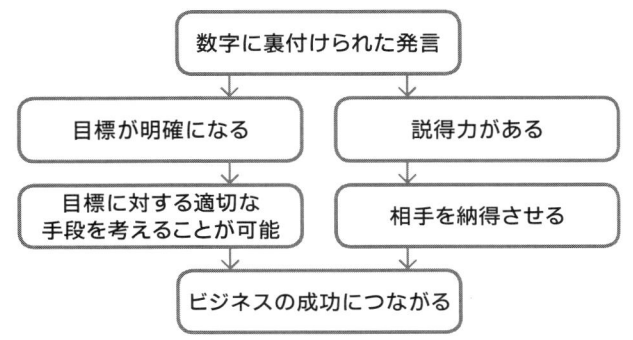

ちりも積もれば山となります。普段から数値に裏付けられた発言をする人とそうでない人の間には、日々の発言での説得力の積み重ねの差が、やがて取り返しのつかない大きな差になってしまうことでしょう。

　一方で、「パソコンや電卓で計算できるから暗算なんてできなくてもいい」という意見もありますが、私はそうは思いません。
　デスクワークなら、パソコンや電卓を自由に使えるから良いかもしれませんが、会議などではどうでしょうか。発言するたびに電卓をカタカタたたくわけにはいきません。会議で計算が必要になったときは、どうしても暗算や概算が必要になります。数字の裏付けなしに自信のある発言ができるでしょうか。**計算ができることで自信のある発言ができる**のです。

　また、「エレベータートーク」という言葉をご存じでしょうか。エレベーターに乗り合わせたわずかな時間で、自分や自分のアイデアをアピールするトークのことを言います。

　例えば社長とエレベーターに乗り合わせたとします。社長から、**「今日は9月27日……。製品Aの納期は11月17日だったな。急いで頼むよ」**と言われたとき、即座に**「はい、あと51日です。全力でやり抜きます!」**と数字を交えて答えたらどうでしょう。ただ、「がんばります」と言うのとは印象は全く異なります。社長のあなたを見る目が変わるはずです(計算方法はP146)。

　このように、計算ができるとビジネスで得になることがたくさ

んあります。逆に言うと、計算ができないと損してしまうということですね。計算力は、できるビジネスパーソンにとって欠かせないビジネススキルの1つなのです。

計算が速いと日常生活でも得をする

次に、私たちの日常生活に目を向けてみましょう。ビジネスに限らず日常生活でも、計算力が役立つ場面は多くあります。

主婦の方などが「お財布に小銭がたまっちゃって…」と言っているのをたまに耳にします。財布に小銭をためないのは、1円玉の端数を出すなどちょっとした工夫でできるので、いつも暗算が必要というわけではありませんが、よく考えるとちょっとしたトレーニングにはなります。

例えば、584円の商品を買うときに、あなたなら何円出しますか？ 財布の中には、千円札が1枚、500円玉はなく、100円玉は1枚。50円玉、10円玉、5円玉、1円玉はそれぞれ4枚ずつあるとします。

1000円を出したときのおつりが416円で、返ってくる硬貨が7枚（100円玉が4枚、10円玉が1枚、5円玉が1枚、1円玉が1枚）です。

端数の4円を出して1004円にするとどうでしょう。1004円で

すとおつりが420円ですから硬貨が6枚（100円玉が4枚、10円玉が2枚）も返ってくるのでちょっと嫌ですね。

　でも、ちょっと工夫して1084円出すとおつりは500円玉1枚になります。584円に500円たして1084円を求めるだけのかんたんな計算ですね。1104円を出してもおつりは520円（硬貨3枚）なのでまずまず快適です。

　少し話が長くなってきましたが、1105円を出すという手もあります。1105円だと出すのは千円札、100円玉、5円玉1枚ずつの計3枚だけですみます。おつりも521円（硬貨4枚）なのですっきりします。
　1回の支払いでここまで考えて、お金を出す人もいないと思いますが、1回の支払いにも多くのパターンがあることを知ってほしいので、この例を出しました。いずれにせよ、財布はいつも身につけているものですから、できるだけコンパクトにしておきたいですね。

　日常生活で次のような例もあります。
　例えば、買い物で「3000円以上買うと10％割引」というときに、2800円ぐらい買っていて、もう1品500円ぐらいのものを買ったほうが安くなるのかどうか気になる……というシチュエーションはありそうです。こんなときに電卓を出して計算するのもいいですが、パパッと暗算で計算できるといいですね。店員さんにわざわざ聞きに行くというのもなかなかしづらいものです。

　これらの例からも分かるように、私たちの周りを見渡すと、思

った以上に数字に囲まれて生活していることに気づきます。携帯の電話番号、時間、物の値段、日付、温度、等々…。数字に強くなることは日常生活を快適にする1つのコツであるといえるでしょう。

あなたを計算ギライにした3つの理由

　本書を手に取ってくださったあなたは、自分が数字に弱く、計算が苦手と感じているかもしれません。人はなぜ計算を苦手に感じるのか、それには主に3つの理由があります。

　まず、1つには、「**やらず嫌い**」があります。ここでは「食わず嫌い」と同じく、「本当の価値を理解せず理由もなく嫌うこと」という意味で用いています。
　私自身の経験で言えば、86×7のような2ケタ×1ケタのかけ算を、暗算ではなく、筆算でずっと計算してきました。自ら進んで筆算で計算していたというのではなく、2ケタ×1ケタの計算を解く方法は筆算しかないと思い込んでいたのです。「2ケタ×1ケタ→筆算で解く」という公式が私の頭の中で絶対的なものとなっていました。つまり、柔軟に他の解き方を求めるのではなく、思考が硬直化してしまっていたということもできるでしょう。
　しかし、改めて考えてみると、筆算というのはなかなかやっかいな作業です。まず、紙とペンを用意して、数字をたてに並べて書いて、横線を引き、数をかけたりたしたりする……。

　紙とペンなどの書くものがなければできない、というのは本当にやっかいですね。たまたま書くものを持っていなければできないのですから。

　そんな筆算を使って、2ケタ×1ケタの計算をひたすら解き続けていた私ですが、ふとあるときに「**2ケタ×1ケタの計算は暗算で解けるのではないか**」と思い、試しに、本書でも掲載している分配法則（P41を参照）で暗算してみました。

　そのとき初めて暗算したので少し時間はかかりましたが、意外にも2ケタ×1ケタの計算を暗算で解くことができました。それは、「2ケタ×1ケタ→筆算で解く」という絶対的な公式が崩壊した瞬間であったので、私にとって衝撃的な経験でした。10年以上前のことですが、今でもそのときの驚きを覚えています。

　本当は暗算でできるのに、わけもなく暗算で解くことを避けていたという意味で、私は暗算をやらず嫌いの状態でした。しかし、「試しに暗算で解いてみよう」と気軽に試してみたことが転機になり、「2ケタ×1ケタは筆算でしか解けない」という思い込みは消えました。

　これを読んでいるあなたもそのように思い込んでいる1人でしたら、気軽な気持ちでまずは暗算でも解けるのかどうか試してください。本書を読み進めていただければ、今まで暗算で解けない

と思っていた計算が意外にもかんたんに暗算で解けることに驚くでしょう。

➕ 速く計算できるのは暗算？ 筆算？

　また、頭の中で計算しようという気にならない理由として、「**暗算より筆算のほうが速く計算できるという思い込み**」が挙げられます。確かに、暗算より筆算の方が速く解ける計算もあります。しかし、筆算より暗算のほうが速く解ける場合も多いのです。

　初めて知る暗算法で計算を解いたときに、こう思ったことはありませんか。「なんだ、筆算で計算した方が速いじゃないか。やっぱり暗算より筆算で解くようにしよう」
　このように思う方には、**暗算を速くできるようになるまで、ほんの少し我慢して練習してほしい**のです。練習すればするほど速く正確に計算できるようになります。

　新しい方法に初めて挑戦するときは、その方法に慣れていないので、速く計算できないこともあります。しかし、練習するにつれて、その方法がすっかり頭の中に入り、素早く計算をすることが可能になります。練習をするうちに、いつのまにか筆算より暗算のほうが速く計算できていることに気がつくでしょう。
　暗算をせずにずっと筆算で解き続ける場合と、筆算で解くのをやめて暗算に切り替えて挑戦する場合のイメージをグラフで比較してみると次のようになります。

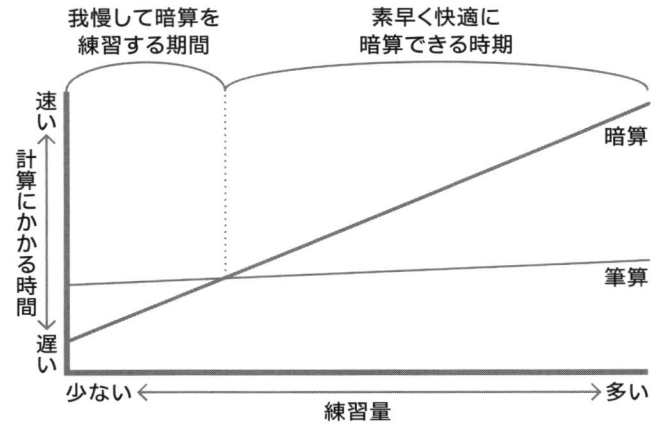

　グラフにある通り、最初は筆算で解くほうが速いのですが、練習するにつれて暗算で解くほうが速くなります。「我慢して練習する期間」を通り越せば、素早く快適に暗算で解けるようになるということですね。

　本書に載せているすべての方法は練習すれば筆算より速く解けるようになります。もちろん、**そんなに練習しなくても筆算より速く解けるものもあります。**

「数学」が苦手でも数字に強くなれる！

　計算が苦手な3つ目の理由として、「学生時代、**数学が苦手だったため、数字や計算全般にコンプレックスがある**」ということが考えられます。

　数学は積み重ねの学問ですから、一度つまずくとその後の内容が分からなくなり、急に数学が苦手になってしまうことがありま

す。「中学校までは数学ができたが、高校になってから急に数学ができなくなった」「因数分解あたりから急に数学の成績が下がった」などの話をよく耳にするのは、そのためでしょう。

　私も今でこそ、暗算や算数・数学の本を執筆したり、子供たちに算数や数学を教えたりしていますが、中学2年から高校2年ぐらいまで、かなりの数学アレルギーを抱えていました。
　私は中学数学で一度つまずいた後、数学の成績がどんどん下がり、定期試験のたびに数学で悪い点数を取っていました。試験のたびに悪い点数を取って、それが何度も続くので、そのうちに「自分は数学が苦手なんだ」「数学に向いていないんだ」と思い込み、数学に苦手意識を持つようになりました。
　数学への苦手意識が高じると、「自分は数字に弱いんだ」「数字なんて見たくない」と数字アレルギーをも持ってしまうことさえあります。

　しかし、**「数学に弱いこと」と「数字に弱いこと」はイコールではない**、と今では考えています。なぜなら、**「数字に強い」かどうかは、小学校の算数で習うたし算、引き算、わり算、かけ算などの計算を素早く正確にできるかどうかで決まる**ことが多いからです。少なくとも、人から「アイツは数字に強い」と評価される際に必要な能力は、小学校の算数が素早く正確にできることで十分です。
「数学ができる」かどうかと、数字に強いと評価されることはあまり関係ありません。

だから、「数字に弱いから、難しい高校数学を勉強し直せば数字に強くなれるだろう」などと堅く考えずに、「数字に強くなるために、もう一度、かんたんな小学校の算数で習った計算をやり直してみよう」という気軽な気持ちで始めてみればよいのです。

　本書も小学校の算数さえ分かれば、ほぼすべて理解できる内容です。本書を読むのに、中学校以降で習う難しい数学の知識は必要ありません。肩の力を抜いて読み進めてください。

✖ 計算に「習うより慣れて」いこう

　習うより慣れろ、ということわざがありますが、計算のテクニックも知るだけで終わりではなく、実際に使うことで本当に身についてきます。ですから、本書で紹介した方法を積極的にビジネスや日常生活の場で使ってみてください。

　例えば、たし算、引き算、2ケタ×1ケタなどの計算をする機会はビジネスでもよくあります。このような計算をする機会に遭遇したら、いつもの癖で電卓に手を伸ばすのではなく、試しに暗算で解いてみてください。慣れないうちは、時間がかかっても構いません。

**　紙もペンも電卓も使わず、自分の頭の中で正しい計算結果を出すことに意味があります。自力で解いたという経験は自信になりますし、次から同じような計算が必要になったときに、暗算で解く癖が身につきます。**

　ビジネスや日常生活で、習うより慣れて、様々な計算を暗算で

解けるようになると、徐々に筆算や電卓には頼りたくなくなってきます。一見暗算で解けそうもない計算もなんとか暗算で解いてやろうという気持ちになってきます。筆算や電卓に頼るのはいわば最後の手段。このような段階までたどり着けば、あなたはもう十分「数字に強い人」であるといえるでしょう。

　では、いよいよ暗算法の解説に入りましょう。

第2章
今すぐビジネスで役立つ基本の計算テクニック

まず、基本となるたし算、引き算、かけ算、わり算のテクニックを学びます。「割合計算」などビジネスで使う頻度の高いものも紹介します。

2乗の暗算ができる「おみやげ暗算法」

2乗の計算も今日から電卓不要！

> **取引先の社長を接待中**
>
> 取引先の社長──創業のときは苦労したなあー。月商わずか10万円だったんだ。
>
> 社員──────えっ、御社にもそんな時期があったのですか!?
>
> 取引先の社長──それが今や月商350万円だよ。わずか3年のうちに売上が35倍になったということだね。
>
> 社員──────それはすごいですね。
>
> 取引先の社長──今後も加速度的に売上を伸ばしていくぞ。3年後には現在の35倍くらいを目指していきたいものだ。
>
> 社員──────創業時から現在まで35倍で、さらに現在の35倍を目指すということは……35×35で創業時の1225倍の売上を目指すということですか。さすがですね！

✖ 2乗計算は「おみやげ暗算法」で あっという間にできる！

　2ケタ×2ケタを紙とペンを使わずに瞬時に解く。もしできれば、あなたは「数字に強い人」として一目置かれること間違いなしです。電卓のないシチュエーションで2ケタ×2ケタを解くには、筆算を使うのが一般的です。でも、筆算を頭の中で解くのは容易ではありません。だからこそ、暗算でパッと答えるあなたに、人は驚き賞賛をおくるのです。

　数字に強くなるために、2ケタ×2ケタの暗算法は是非とも身につけておきたいスキルです。難しい計算なしに、2ケタ×2ケタがすぐに暗算できる場合がありますので、紹介していきます。

　それではまず、2ケタの数の2乗計算の方法を紹介します。52^2 や93^2など2ケタの数の2乗の計算は暗算でかんたんに解くことができます。先に挙げた会話の中で、社員は35^2、つまり、35×35＝1225の計算を暗算しています。
　これを例に、2乗計算の秘密兵器「おみやげ暗算法」を解説しましょう。

✖ 2乗の暗算ができる「おみやげ暗算法」

例 35×35＝

❶右の35の一の位の5を"おみやげ"として、左の35に渡します。40×30を計算して1200とします。

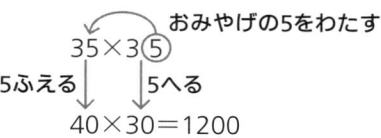

❷その1200に、おみやげの5を2乗した25をたして1225とします。

$$1200 + 5^2 = 1225$$
おみやげを2乗する

これで35×35＝1225の計算ができました。かんたんに求めることができましたね。

では、もう一例、試してみましょう。

例 52×52＝

❶右の52の一の位の2を"おみやげ"として、左の52に渡します。次に54×50を分配法則で計算して2700を出します（分配法則はP42で解説します）。

$$
\begin{aligned}
54 \times 50 &= (50+4) \times 50 \quad \text{分配法則} \\
&= 50 \times 50 + 4 \times 50 \\
&= 2500 + 200 \\
&= 2700
\end{aligned}
$$

❷その2700に、おみやげの2を2乗した4をたして2704とします。

$$2700 + 2^2 = 2704$$
おみやげを2乗する

これで、52×52＝2704の計算ができました。

これも楽にできましたね。是非ともマスターしておきたい暗算法です。

「おみやげ暗算法」を利用した暗算練習

次の計算をおみやげ暗算法で計算しましょう。

❶ 65×65＝　　　❷ 72×72＝　　　❸ 91×91＝
❹ 58×58＝　　　❺ 103×103＝

解答

❶
　　　　おみやげの5をわたす
　　65×6⑤
5ふえる↓　↓5へる
　　70×60＝4200　　4200＋5²＝**4225**
　　　　　　　　　　　　　おみやげを2乗

❷
　　　　おみやげの2をわたす
　　72×7②
2ふえる↓　↓2へる
　　74×70＝(70＋4)×70　　分配法則
　　　　　＝70×70＋4×70
　　　　　＝4900＋280＝5180　　5180＋2²＝**5184**
　　　　　　　　　　　　　　　　　おみやげを2乗

❸ おみやげの1をわたす
$$91 \times 9\underset{\downarrow}{①}$$
1ふえる↓ ↓1へる
$$92 \times 90 = (90+2) \times 90$$
$$= 90 \times 90 + 2 \times 90 \quad \text{分配法則}$$
$$= 8100 + 180 = 8280 \quad 8280 + 1^2 = \underline{\mathbf{8281}}$$
おみやげを2乗

❹ おみやげの8をわたす
$$58 \times 5\underset{\downarrow}{⑧}$$
8ふえる↓ ↓8へる
$$66 \times 50 = (60+6) \times 50$$
$$= 60 \times 50 + 6 \times 50 \quad \text{分配法則}$$
$$= 3000 + 300 = 3300 \quad 3300 + 8^2 = \underline{\mathbf{3364}}$$
おみやげを2乗

❺ おみやげの3をわたす
$$103 \times 10\underset{\downarrow}{③}$$
3ふえる↓ ↓3へる
$$106 \times 100 = 10600 \quad 10600 + 3^2 = \underline{\mathbf{10609}}$$
おみやげを2乗

※「おみやげ暗算法」は基本的に2ケタの数の2乗計算に使える方法ですが、この例のようにきりのよい100や1000などに近い数の場合は、3ケタ以上の数の2乗計算でも使えることがあります。

「2ケタ×2ケタ」の計算❶
5の倍数×2の倍数の場合

難易度

相手をあっと驚かせる「2ケタ×2ケタ」の暗算

社内にて

社員A―今度の会議で、コストの削減状況についてプレゼンしないといけないんだ。くわしいこと教えてほしいんだけど、印刷代はピーク時に比べてどうなってる?

社員B―会社全体で1ヶ月あたり35万円の印刷代カットを18ヶ月連続で達成しているよ。18ヶ月合計で630万円の削減だよ。

社員A―それは是非発表しないといけないね。光熱費の削減状況はどう?

社員B―ピーク時に比べて、会社全体で1ヶ月あたり24万円の光熱費カットを26ヶ月連続で達成しているね。26ヶ月合計で624万円の削減だ。

社員A―普段の努力が実ってるね。あと、社員の残業代カットの状況はどうかな?

社員B―削減額としてはこれが一番大きいんだ。ピーク時に比べて、会社全体で1ヶ月あたり98万円の残業代カットを18ヶ月連続で達成している。18ヶ月合計で1764

第2章 今すぐビジネスで役立つ基本の計算テクニック

万円の削減だよ。

社員A—俺の残業代も減ってるもんなぁ……。ところで、さっきから電卓を使わずに合計額を出しているよね。どうしたらそんなことできるんだい?

社員B—それはね……

✕ 5の倍数×2の倍数の暗算法

社員Aと社員Bの会話では、社員Bが35×18を瞬時に暗算して630と求めました。そのやり方はかんたんです。

35は5の倍数で、18は2の倍数です。**5の倍数と2の倍数のかけ算は暗算できるのです。**では、その方法をさっそく解説していきましょう。

 35×18

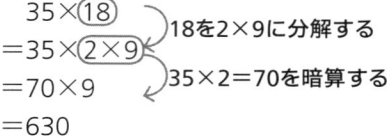

このように、**2の倍数（例では18）を2×□に分解する**と暗算で解くことができます。例えば、15×28ならば、28を2×14に分解し、15と2をかけて30、その30と14をかけて420と暗算できるわけです（30×14は3×14を分配法則によって計算すれば求まります。分配法則については42ページで解説しています）。

$$15 \times ㉘$$
$$=15 \times ②\times ⑭$$
$$=30 \times 14$$
$$=420$$

28を2×14に分解する
15×2＝30を暗算する

ステップ数が多いので混乱しそうですが、紙とペンを使わずに練習問題を繰り返せばだんだん慣れてきます。

 5の倍数×2の倍数は、2の倍数を2×□に分解して暗算する

「2ケタ×2ケタ」の計算❷

十の位が同じで、一の位をたすと10になる場合

24×26＝624は2秒でできる！

社員Aと社員Bで次の会話もありました。

> 社員A―光熱費の削減状況はどう？
> 社員B―ピーク時に比べて、会社全体で1ヶ月あたり24万円の光熱費カットを26ヶ月連続で達成しているね。26ヶ月合計で624万円の削減だ。

　この会話では24×26の計算を社員Bが瞬時に624とはじき出しています。この暗算にもからくりがあります。この暗算法は、24×26のように、**十の位が同じで、一の位をたすと10になる**2ケタ×2ケタに使える方法です。

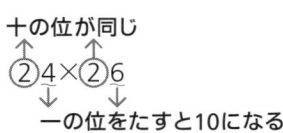

十の位が同じで、一の位をたすと10になる 2ケタ×2ケタ暗算法

例 24×26

❶まず十の位の2と2に注目します。一方の2に1をたして3にし、その3と、もう一方の2とかけて6とします。この6が、答えの百の位です。

$$②4×②6＝⑥$$
$$(②+1)×②＝⑥$$
十の位に1をたしてかける

❷一の位の4と6はそのままかけて24とします。この24が、答えの十の位と一の位になります。

$$2④×2⑥＝6㉔$$
$$④×⑥＝㉔$$
一の位はそのままかける

これで24×26＝624と暗算することができます。**十の位が同じで、一の位をたすと10になる**という条件をみたせば、どんな2ケタ×2ケタもこの方法で解くことができます。

例えば、98×92もこの条件を満たすので、同じ方法で暗算できます。まず、十の位の9に1をたして、10にします。その10に9をかけて**10×9＝90**。この90が、答えの千の位と百の位です。次に、一の位の8と2をかけて**8×2＝16**。この16が、答えの十

の位と一の位になります。これで、**98×92＝9016**と求まりました。

「2ケタ×2ケタ」の計算❸
十の位をたすと10になり、一の位が同じの場合

難易度 👍👍👍

では、社員Aと社員Bの次の会話に注目しましょう。

> 社員A―あと、社員の残業代カットの状況はどうかな?
> 社員B―削減額としてはこれが一番大きいんだ。ピーク時に比べて、会社全体で1ヶ月あたり98万円の残業代カットを18ヶ月連続で達成している。18ヶ月合計で1764万円の削減だよ。

社員Bは18×98＝1764を暗算して社員Aを驚かせます。18×98は、**十の位をたすと10になり、一の位が同じ**ですね。このように、十の位をたすと10になり、一の位が同じである2ケタ×2ケタの暗算法を紹介しましょう。

```
       一の位が同じ
        ↑    ↑
      1⑧ × 9⑧
       ↓    ↓
    十の位をたすと10になる
```

✖ 十の位をたすと10になり、
一の位が同じの2ケタ×2ケタ暗算法

例 18×98

❶ まず十の位の1と9に注目します。その1と9をかけて1×9=9とし、答えの9に一の位の8をたして17とします。この17が、答えの千の位と百の位です。

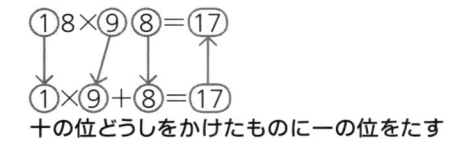

①8×⑨⑧=⑰
①×⑨+⑧=⑰
十の位どうしをかけたものに一の位をたす

❷ 次に一の位の8どうしをかけて、8×8=64とします。この64が、答えの十の位と一の位になります。

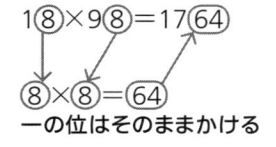

1⑧×9⑧=17⑥④
⑧×⑧=⑥④
一の位はそのままかける

これで、18×98=1764を暗算することができました。

では、ここまでに出てきた2ケタ×2ケタの3つの暗算法を練習してみましょう。

2ケタ×2ケタの暗算練習

次の計算をしてみましょう。

❶ 16×15＝
❷ 85×85＝
❸ 32×72＝
❹ 91×99＝
❺ 68×48＝
❻ 55×18＝
❼ 87×27＝
❽ 47×43＝
❾ 14×95＝
❿ 77×73＝

解答

❶（5の倍数×2の倍数の暗算法）
　　　16×15＝8×2×15＝8×30＝**240**

❷（十の位が同じで、一の位をたすと10になる2ケタ×2ケタ暗算法）
　　　85×85＝**7225**

❸（十の位をたすと10になり、一の位が同じの2ケタ×2ケタ暗算法）
　　　32×72＝**2304**

❹（十の位が同じで、一の位をたすと10になる2ケタ×2ケタ暗算法）
　　　91×99＝**9009**

❺（十の位をたすと10になり、一の位が同じの2ケタ×2ケタ暗算法）

　　　　68×48＝**3264**

❻（5の倍数×2の倍数の暗算法）

　　　　55×18＝55×2×9＝110×9＝**990**

❼（十の位をたすと10になり、一の位が同じの2ケタ×2ケタ暗算法）

　　　　87×27＝**2349**

❽（十の位が同じで、一の位をたすと10になる2ケタ×2ケタ暗算法）

　　　　47×43＝**2021**

❾（5の倍数×2の倍数の暗算法）

　　　　14×95＝7×2×95＝7×190＝**1330**

※7×19を、分配法則を使って133と解き、0をつけて1330とする。

❿（十の位が同じで、一の位をたすと10になる2ケタ×2ケタ暗算法）

　　　　77×73＝**5621**

「2ケタ×1ケタ」を
マスターする

難易度

すべての基本となるテクニック

社内にて

部長——プロジェクトの費用対効果を再検討したい。プロジェクトAにかかる費用と期間を教えてほしい。

社員——プロジェクトAにかかる費用は月平均35万円で、かかる期間は7ヶ月です。

部長——なるほど。ということは、プロジェクトAにかかる総費用はいくらになる?

社員——(瞬時に)計245万円ですね。

部長——あいかわらず計算が速いね。次に、プロジェクトBにかかる費用と期間を教えてほしい。

社員——プロジェクトBにかかる費用は月平均89万円で、かかる期間は6ヶ月です。

部長——6ヶ月か。ということは、プロジェクトBにかかる総費用はいくらになる?

社員——(瞬時に)計534万円です。

部長——534万円だな。では、現状をもとにコストダウンを図れるか検討しよう。

第2章　今すぐビジネスで役立つ基本の計算テクニック

❌ 2ケタ×1ケタのかけ算は分配法則ですべて解決

　計算が必要になるたびに、電卓を取り出してカタカタ計算するのは効率がよいとは言えませんし、面白くありません。他の人が電卓をたたく間にあなたが暗算でズバリ答えば、上司は面白がってくれるでしょう。些細なことですが、人の印象は案外、そんな些細なことで決まったりするものです。

　ここでは、2ケタ×1ケタの暗算方法を学びます。小学校で九九として9×9までを習いますが、2ケタ×1ケタの暗算方法は学校ではほとんど教えてくれません。でも、「分配法則」を使えば、かんたんに暗算で解くことができるのです。
　分配法則とは次のような法則です。

分配法則とは？

・▲をどちらにもかけてたす

$$(● + ■) × ▲ = ● × ▲ + ■ × ▲$$

$$▲ × (● + ■) = ▲ × ● + ▲ × ■$$

・▲をどちらにもかけて引く

$$(● − ■) × ▲ = ● × ▲ − ■ × ▲$$

$$▲ × (● − ■) = ▲ × ● − ▲ × ■$$

例えば、(20＋8)×3なら次のように分配法則を使って解けます。

$$(20+8) \times 3 = 20 \times 3 + 8 \times 3$$
$$= 60 + 24$$
$$= 84$$

3をどちらにもかけてたす

先に挙げた部長と社員の会話では、社員は「35万円×7」を瞬時に暗算で答えています。分配法則を使えば、35×7は次のように解くことができます。

$$35 \times 7$$
$$= (30+5) \times 7$$

35を30＋5に変形する
どちらにも7をかけてたす

$$= 30 \times 7 + 5 \times 7$$
$$= 210 + 35$$
$$= 245$$

35×7をそのまま暗算するのは大変ですが、**35を30＋5に変形して**分配法則を使って解けば、計算が楽になります。そして途中式を頭の中で計算できるようになれば暗算でも解けるようになるのです。

部長と社員で次の会話もありました。

社員——プロジェクトBにかかる費用は月平均89万円で、かかる期間は6ヶ月です。

部長——6ヶ月か。ということは、プロジェクトBにかかる総費用はいくらになる？

社員──（瞬時に）計534万円です。

　社員は89×6も瞬時に暗算で答えています。89×6も分配法則を使えば次のように解くことができます。

$$89 \times 6$$
$$= (80+9) \times 6 \quad \text{89を80＋9に変形する}$$
$$\qquad\qquad\qquad \text{どちらにも6をかけてたす}$$
$$= 80 \times 6 + 9 \times 6$$
$$= 480 + 54$$
$$= 534$$

　上のように89×6を(80＋9)×6と変形して解く計算も、暗算でできるレベルですが、480＋54＝534の暗算が少し面倒ですね。そこで、89＝80＋9と変形するのではなく、**89＝90－1と変形すれば、次のようにさらに楽に解くことができます。**

$$89 \times 6$$
$$= (90-1) \times 6 \quad \text{89を90－1に変形する}$$
$$\qquad\qquad\qquad \text{どちらにも6をかけて引く}$$
$$= 90 \times 6 - 1 \times 6$$
$$= 540 - 6$$
$$= 534$$

　では、練習問題を解いて2ケタ×1ケタの暗算をマスターしましょう。

2ケタ×1ケタの暗算練習

次の計算をしてみましょう。
❶ 18×6＝
❷ 57×7＝
❸ 8×29＝
❹ 3×98＝
❺ 2.3×4＝

解答

❶ 18×6
＝(10＋8)×6
＝10×6＋8×6
＝60＋48＝**108**

❷ 57×7
＝(50＋7)×7
＝50×7＋7×7
＝350＋49＝**399**

❸ 8×29
＝8×(20＋9)
＝8×20＋8×9
＝160＋72＝**232**

❸の別解
8×29
＝8×(30－1)
＝8×30－8×1
＝240－8＝**232**

❹ 3×98
＝3×(100－2)
＝3×100－3×2
＝300－6＝**294**

❺ 2.3×4
＝(2＋0.3)×4
＝2×4＋0.3×4
＝8＋1.2＝**9.2**

❺の別解
小数点を外した23×4を暗算して
92と求めてから、小数点をつけて
9.2としてもOKです。

第2章　今すぐビジネスで役立つ基本の計算テクニック

「おみやげ暗算法」と「乗法公式」を組み合わせる!

難易度 👍👍👍

「乗法公式」を取り入れてさらにパワーアップ!

「乗法公式」と言われても覚えていないかもしれませんが、中学校で教わる公式です。乗法とはかけ算のことなので、かけ算の公式です。いくつかの乗法公式がありますが、その1つに次があります。

$$(a+b)(a-b)=a^2-b^2$$

もしくは、

$$(a-b)(a+b)=a^2-b^2$$

この公式を使って暗算ができます。

例として53×47を解いてみましょう。53×47は、先ほどの乗法公式を使えば、次のように計算することができます。

$$53 \times 47$$
$$=(50+3) \times (50-3)$$
$$=50^2-3^2$$
$$=2500-9=2491$$

53を50+3、47を50-3と変形
$(a+b)(a-b)=a^2-b^2$を利用

このように解けば、難しい計算なしに暗算でも答えを出すこと

ができます。この計算では、53と47が、きりのよい数の50に3をたし引きした数であることがポイントになっています。つまり、**ある数に同じ数をたし引きした数のかけ算には、この乗法公式が使える**、ということです。

もう一例みてみましょう。次の例は乗法公式とおみやげ暗算法を組み合わせる方法です。おみやげ暗算法は26ページですでに解説しましたね。

例 21×23

この計算では、まず21と23が、22に1をたし引きした数であることを利用します。

$$21 \times 23$$
$$= (22-1) \times (22+1)$$
$$= 22^2 - 1$$

$(a-b)(a+b)=a^2-b^2$を利用

これで、21×23＝22^2−1であることが分かりました。2乗計算はおみやげ暗算法でできるので、22^2をおみやげ暗算法で次のように解きます。

おみやげの2をわたす
$$22^2 = 22 \times 2②$$
おみやげ暗算法
$$= 24 \times 20 + 2^2$$
$$= 484$$
おみやげを2乗

おみやげ暗算法で22^2＝484と求まりました。21×23＝22^2−1であるので、21×23の答えは484から1を引いた483であることが求まります。21×23＝483ということですね。

ステップが少し複雑ですが、このくらいの暗算をスムーズにで

きるようになれば、あなたの暗算力はかなり高いと言えるでしょう。最初からスムーズに計算することは難しいと思います。電卓の方が早いからとここで電卓を使わずに、暗算に挑戦してみてください。慣れてくれば頭の中で計算できるようになります。

　では、おみやげ暗算法と乗法公式を利用した暗算を練習していきましょう。

「乗法公式」を利用した暗算練習

次の計算を、乗法公式を利用して計算しましょう（❺はおみやげ暗算法も使います）。

❶ 71×69＝　　　❷ 26×34＝　　　❸ 202×198＝
❹ 55×65＝　　　❺ 24×18＝

解答

❶ 71×69
＝(70＋1)×(70−1)
＝70^2-1^2
＝4900−1＝<u>4899</u>

❷ 26×34
＝(30−4)×(30＋4)
＝30^2-4^2
＝900−16＝<u>884</u>

❸ 202×198
＝(200＋2)×(200−2)
＝200^2-2^2
＝40000−4＝<u>39996</u>

❹ 55×65
＝(60−5)×(60＋5)
＝60^2-5^2
＝3600−25＝<u>3575</u>

❺ 24×18＝(21＋3)×(21−3)
　　　　＝21^2-3^2

　　　　　　おみやげの1をわたす
21^2＝21×21
　　＝22×20＋1^2　　おみやげ暗算法
　　＝441　　おみやげを2乗

24×18＝21^2-3^2＝441−9＝<u>432</u>

第2章　今すぐビジネスで役立つ基本の計算テクニック

難易度 👍👍👍

その他のかけ算テクニック

2ケタ×11は一瞬で計算できる!

電話にて

人事部長———おたくの人材派遣会社から派遣してもらっている派遣社員の人数と料金を把握しておきたいんだけど……、うちの営業一課では何人を派遣してもらっているんだっけ?

人材会社の社員—11人を派遣しております。1人につき1ヶ月平均27万円の料金をいただいております。

人事部長———ということは、営業一課の派遣社員の1ヶ月の総額はいくらになる?

人材会社の社員—(瞬時に)27×11で計297万円ですね。

人事部長———なるほど。あと新たに派遣をお願いしたいと思っているんだ。今度は経験豊富な営業のエキスパートを5人お願いしたい。まずは4ヶ月の期間限定契約で営業成績が良ければ契約延長という形を取りたいんだ。おたくの会社に登録している中でもプロ中のプロをお願いしたいんだけど……、1人あたり1ヶ月の料金はどれくらいになる?

人材会社の社員 ── 営業のプロ中のプロですよね。それなら、1人あたり1ヶ月約67万円ですね。

人事部長 ── さすがに費用がかかるね。では、その営業のプロ5人を4ヶ月雇ったとして必要な費用総額はいくらになる?

人材会社の社員 ── (瞬時に)1人あたりの1ヶ月の料金を約67万円として、5人の4ヶ月の料金総額は67×5×4＝1340万円ですね。

人事部長 ── ちょっと高いな……。では、中堅の営業マンなら1人あたり1ヶ月の料金はどれくらいになる?

人材会社の社員 ── 中堅の営業マンなら約45万円ですね。

人事部長 ── なるほど。では、中堅の営業マン7人を2ヶ月雇ったとして必要な費用総額はいくらになる?

人材会社の社員 ── (瞬時に)1人あたりの1ヶ月の料金を約45万円として、7人の2ヶ月の料金総額は45×7×2＝630万円ですね。

人事部長 ── うん、分かった。では、検討して再度連絡するよ。

2ケタ×11の計算

　人事部長と人材会社の社員での会話で人材会社の社員は、27×11＝297と暗算しています。このような「2ケタ×11」のパターンは一瞬で暗算できます。27の十の位の2が答えの百の位になり、一の位の7が答えの一の位になります。そして、2と7をたした9が答えの十の位になるのです。図で表すと次のようになり

ます。

②⑦×11＝②9⑦
たして9

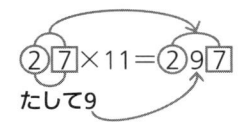

✖ ( )を使ってかけ算を素早く解く

人事部長と人材会社の社員で次の会話もありました。

> **人材会社の社員**－それなら、1人あたり1ヶ月約 67万円ですね。
> **人事部長**———さすがに費用がかかるね。では、その営業のプロ5人を4ヶ月雇ったとして必要な費用総額はいくらになる？
> **人材会社の社員**－（瞬時に）1人あたりの1ヶ月の料金を約 67万円として、5人の4ヶ月の費用総額は67×5×4＝1340万円ですね。

67×5×4＝1340の暗算を社員は瞬時に行っています。67×5×4を左から順に計算して

　　67×5＝335
　　335×4＝1340

と求めるのはけっこう大変ですね。**かけ算だけの式ではどこにかっこをつけても答えは同じ**という性質を使うと、暗算しやすくなります。**67×5×4の5×4のところにかっこをつける**と次のようにかんたんに計算できます。

$$67 \times 5 \times 4$$
$$= 67 \times (5 \times 4)$$
$$= 67 \times 20 = 1340$$

このように、左から順に計算するのが大変な場合は、計算しやすいところにかっこをつけてから計算すると一気に暗算で求められる場合がありますので活用しましょう。

✖ かけ算だけの式は計算しやすい順に並びかえる

人事部長と人材会社の社員で次の会話もありました。

> 人材会社の社員―中堅の営業マンなら約45万円ですね。
> 人事部長―――なるほど。では、中堅の営業マン7人を2ヶ月雇ったとして必要な費用総額はいくらになる？
> 人材会社の社員―（瞬時に）1人あたりの1ヶ月の料金を約45万円として、7人の2ヶ月の料金総額は45×7×2＝630万円ですね。

ここで、人材会社の社員は45×7×2＝630という計算を暗算しています。

$$45 \times 7 = 315$$
$$315 \times 2 = 630$$

という計算を頭の中でするのはできないことはないですが、少し時間がかかりそうですね。

かけ算だけの式は数をならべかえても答えはかわらないという

性質を使うと、この計算は一気に楽になります。例えば、2×3×4も、2×4×3も、4×3×2も答えはすべて同じ(24)になるという性質です。この性質を使うと、45×7×2は次のように楽に解くことができます。

$$45×7×2$$
$$=45×2×7$$　7と2を入れ替える
$$=90×7$$　45×2＝90を計算
$$=630$$

かける数をならべかえただけで、こんなに計算が楽になるのです。では、この項目で習った3つの暗算法を練習してみましょう。

かけ算の暗算練習

次の計算をしてみましょう。

❶ 35×11＝　　❷ 76×4×25＝　　❸ 2×61×15＝

❹ 11×81＝　　❺ 9×2×75＝　　❻ 50×97×20＝

❼ 25×27×4＝　　❽ 51×2×15＝　　❾ 36×1.1＝

❿ 24×2×55＝

解答

❶ (2ケタ×11の暗算法)
　　35×11＝**385**

❷ (かけ算だけの式ではどこにかっこをつけても答えは同じ)
　　76×4×25
　　＝76×(4×25)

=76×100=**7600**

❸(かけ算だけの式は数をならべかえても答えはかわらない)

2×61×15
=2×15×61
=30×61=**1830**

❹(2ケタ×11の暗算法)

11×81=**891**

❺(かけ算だけの式ではどこにかっこをつけても答えは同じ)

9×2×75
=9×(2×75)
=9×150=**1350**

❻(かけ算だけの式は数をならべかえても答えはかわらない)

50×97×20
=50×20×97
=1000×97=**97000**

❼(かけ算だけの式は数をならべかえても答えはかわらない)

25×27×4
=25×4×27
=100×27=**2700**

❽（かけ算だけの式ではどこにかっこをつけても答えは同じ）
$$51×2×15$$
$$=51×(2×15)$$
$$=51×30=\underline{\mathbf{1530}}$$

❾（2ケタ×11の暗算法）
$$36×1.1=\underline{\mathbf{39.6}}$$

❿（かけ算だけの式ではどこにかっこをつけても答えは同じ）
と（2ケタ×11の暗算法）
$$24×2×55$$
$$=24×(2×55)$$
$$=24×110=\underline{\mathbf{2640}}$$

わり算は「約分方式」を使え!

難易度

契約1件あたりの平均売上高を出す

営業会議にて

課長──A君、先週の営業成績を報告してくれるかな?

A君──はい。先週は成約が5件で、売上の合計は124万円でした。

課長──件数、売上ともにいまいちだったね。契約1件あたりの平均売上額は……124÷5が24.8だから、24万8千円か。1件あたりの平均売上額はよいから、今週は契約件数の増加に力を入れてくれ。では、次。B君。

B君──報告します。成約が25件で、売上の合計は210万円でした。

課長──件数、売上ともによい成績だ。よく頑張ったな。契約1件あたりの平均売上額は……210÷25が8.4だから、8万4千円か。1件あたりの平均売上額はあまりよくないね。件数、売上の調子はよいから、1件あたりの平均売上額を伸ばすよう力を入れてほしい。では、次。C君。

C君──はい。契約成約が8件で、売上の合計は216万円でした。

第2章 今すぐビジネスで役立つ基本の計算テクニック

課長——よい売上だ。よく頑張ったな。契約1件あたりの平均売上額は……216÷8が27だから27万円か。うん、1件あたりの平均売上額もよいね。この調子で契約件数もさらに伸ばせるとよいな。では、次。D君。

D君——私は、契約成約が12件で、売上の合計は288万円でした。

課長——おっ、素晴らしい売上だな。契約1件あたりの平均売上額は……288÷12が24だから24万円か。1件あたりの平均売上額もよいから今週もこの調子で頑張ってくれ。みんな、先週の成績を上回ることを目標に精を出してくれ。では、会議終了!

÷ 5でわることは、2倍して10でわることと同じ

　この会話で課長は124÷5=24.8を暗算しています。24.8は24.8万円のことなので、24万8千円と表しているわけです。

　わり算の暗算をするときに、筆算を頭に思い浮かべながら暗算するのは大変です。この例では、**5でわることは、2倍して10でわることと同じ**であることを知っていれば、次のようにかんたんに計算できます。

$$124÷5$$
$$=124×2÷10 \text{(2倍して10でわる)}$$
$$=248÷10=24.8$$

　この計算なら暗算でできますね。ちなみに、5でわることは、

2倍して10でわることと、なぜ同じなのかというと、次のように式を変形することで説明できます。

$$124 \div 5$$
$$= 124 \times \frac{1}{5}$$
$$= 124 \times \frac{2}{10}$$
$$= 124 \times 2 \div 10$$

このように変形できるため、5でわることは、2倍して10でわることと同じなのです。

➕ 25で割ることは、4倍して100でわることと同じ

> B君──報告します。成約が25件で、売上の合計は210万円でした。
> 課長──件数、売上ともによい成績だ。よく頑張ったな。契約1件あたりの平均売上額は……210÷25が8.4だから、8万4千円か。

5でわることは、2倍して10でわることと同じであることは既述しましたが、**25でわることは、4倍して100でわることと同じ**であることもおさえておきましょう。

会話の例では、210÷25＝8.4を課長が暗算し、8.4万円→8万4千円であると瞬時に求めています。**25でわることは、4倍し**

て100でわることと同じであることを知っていれば、次のようにかんたんに計算できます。

$$210 \div 25$$
$$= 210 \times 4 \div 100 \,(\textbf{4倍して100でわる})$$
$$= 840 \div 100 = 8.4$$

25でわることは、4倍して100でわることと、なぜ同じかというと、次のように式を変形することで説明できます。

$$210 \div 25$$
$$= 210 \times \frac{1}{25}$$
$$= 210 \times \frac{4}{100}$$
$$= 210 \times 4 \div 100$$

このように変形できるため、25でわることは、4倍して100でわることと同じなのです。

➗ わり算は約分方式で暗算しよう

> C君——はい。契約成約が8件で、売上の合計は216万円でした。
> 課長——よい売上だ。よく頑張ったな。契約1件あたりの平均売上額は……216÷8が27だから27万円か。

ここで、課長は216÷8＝27であるとすぐに暗算しています。216÷8＝27は電卓がなければ筆算で解くのが普通ですが、次のように、分数に直して順々に約分すると、筆算なしで解けることが分かります。

$$216 \div 8 = \frac{216}{8} = \frac{108}{4} = \frac{54}{2} = \underline{27}$$

分数に直す　2で約分　2で約分　2で約分

わり算の筆算は、かけたり引いたりするので時間がかかります。しかし、約分して計算すると、数をわっていくだけですので、速く解くことができます。約分の要領で暗算する方法を解説します。

約分方式のわり算の暗算法

例 216÷8

わる数の8は2×2×2と分解できます。つまり、**218÷8は218を2で3回わることと同じ**です。これを利用すると次のように楽に計算できます。

$$
\begin{aligned}
&216 \div 8 \\
&= 216 \div (2 \times 2 \times 2) \quad \text{8＝2×2×2に分解する} \\
&= 216 \div 2 \div 2 \div 2 \\
&= 108 \div 2 \div 2 \quad \text{216÷2＝108を計算する} \\
&= 54 \div 2 \quad \text{108÷2＝54を計算する} \\
&= 27
\end{aligned}
$$

216を2でわっていって、108、54、27と求めるだけですから暗算できますね。次の会話例も約分方式の暗算法で解くことができます。

> D君──私は、契約成約が12件で、売上の合計は288万円でした。
>
> 課長──おっ、素晴らしい売上だな。契約1件あたりの平均売上額は……288÷12が24だから24万円か。

　この例では、288÷12＝24を課長が暗算しています。この計算も約分方式を使って解けます。わる数の12を2×2×3と分解して次のように計算するのです。

$$
\begin{aligned}
&288 \div 12 \\
&= 288 \div (2 \times 2 \times 3) \\
&= 288 \div 2 \div 2 \div 3 \\
&= 144 \div 2 \div 3 \\
&= 72 \div 3 \\
&= 24
\end{aligned}
$$

- 12＝2×2×3に分解する
- 288÷2＝144を計算する
- 144÷2＝72を計算する

　288÷12をそのまま計算するのではなく、小さい数で順々にわっていくことで計算がかんたんになり暗算できるようになります。では、この項目で習った「5でわる暗算法」「25でわる暗算法」「約分方式」を練習しましょう。

わり算の暗算練習

次の計算をしてみましょう。

❶ 2413÷5＝　　　　❷ 120÷25＝　　　　❸ 288÷16＝
❹ 306÷18＝　　　　❺ 3÷25＝　　　　　❻ 802÷5＝
❼ 315÷21＝　　　　❽ 1110÷5＝　　　　❾ 448÷32＝
❿ 330÷22＝

解答

❶ （5でわる暗算法）
　2413÷5
＝2413×2÷10（**2倍して10でわる**）
＝4826÷10＝**482.6**

❷ （25でわる暗算法）
　120÷25
＝120×4÷100（**4倍して100でわる**）
＝480÷100＝**4.8**

❸ （約分方式）
　288÷16
＝288÷（2×2×2×2）←**16＝2×2×2×2に分解する**
＝288÷2÷2÷2÷2
＝144÷2÷2÷2
＝72÷2÷2＝36÷2＝**18**

❹（約分方式）
　306÷18
＝306÷(2×3×3) ←18＝2×3×3に分解する
＝306÷3÷2÷3
＝102÷2÷3
＝51÷3＝<u>17</u>
※2からではなく、まず3からわるのがポイント

❺（25でわる暗算法）
　3÷25
＝3×4÷100（4倍して100でわる）
＝12÷100＝<u>0.12</u>

❻（5でわる暗算法）
　802÷5
＝802×2÷10（2倍して10でわる）
＝1604÷10＝<u>160.4</u>

❼（約分方式）
　315÷21
＝315÷(3×7) ←21＝3×7に分解する
＝315÷3÷7
＝105÷7＝<u>15</u>

❽ (5でわる暗算法)

　1110÷5

＝1110×2÷10（**2倍して10でわる**）

＝2220÷10＝**222**

❾ (約分方式)

　448÷32

＝448÷(2×2×2×2×2)←**32＝2×2×2×2×2に分解する**

＝448÷2÷2÷2÷2÷2

＝224÷2÷2÷2÷2

＝112÷2÷2÷2

＝56÷2÷2

＝28÷2＝**14**

❿ (約分方式)

　330÷22

＝330÷(2×11)←**22＝2×11に分解する**

＝330÷11÷2

＝30÷2＝**15**

※2からではなく、まず11からわるのがポイント

難易度 👍👍👍

1000や10000から引き算する方法

ビジネスで最頻出の暗算テクニック

社内にて

部長——わが社の店舗数はついに、1000店に到達した。
社員——やりましたね。
部長——うむ。西日本に、457店舗、東日本に…（資料を確認）
社員——（瞬時に）東日本の店舗数は543店ですね。

ケタの多い引き算を素早く正確に

　ビジネスの現場でもっともよく使う計算は何であると思いますか。基本的なものほどよく使いますから、それはたし算、引き算であるといえるでしょう。

　たし算、引き算は、小学校の算数で習う計算であるために、ついつい甘くみがちです。しかし、例えば「100000−57851」の答えを求めなさい」という問題に即答できる方は多くないのではないでしょうか。

部長と社員の会話の例では、1000－457＝543を社員が瞬時に計算します。

　1000や10000から数を引く計算は、ビジネスの現場でもよく使いますが、日常生活でも頻出の計算です。コンビニなどで商品を買うときに、千円札や1万円札を出しておつりがいくらになるかを暗算で求めることができれば便利ですね。

　では、1000や10000、さらには100000といった、きりのよい数から、ある数を引く場合の計算方法を教えましょう。先ほどの1000－457の計算を例に解説します。

　1000から数を引くということは、**999からその数を引いて1をたすことと同じ**であるので次のように計算できます。

　　　　1000－457
　　　＝999－457＋1←999から457を引いて1をたす
　　　＝542＋1＝543

　1000－457の暗算は少し大変ですが、999－457の暗算なら繰り下がりがないのでかんたんにできますね。999－457の暗算をした後に1をたせばよいのです。このように考えると、1000－457はかんたんに暗算できることがお分かりいただけると思います。

ポイント **1000から数を引くということは、999からその数を引いて後で1をたすことと同じである**

　例えば、10000－8214の計算なら、9999から8214を引いて1785とした後に、それに1をたして1786とすればよいのです。

もう1つ、こういう計算方法もあります。1000－457の計算ならば、

　　457の百の位の4を、9から引いて、**5**
　　457の十の位の5を、9から引いて、**4**
　　457の一の位の7を、**10**から引いて、**3**

これで、543と求める方法があります。ようは十の位以上は9から引いて**一の位だけ10から引けばよい**わけです。

10000－8214の計算ならば
　　8214の千の位の8を、9から引いて、**1**
　　8214の百の位の2を、9から引いて、**7**
　　8214の十の位の1を、9から引いて、**8**
　　8214の一の位の4を、**10**から引いて、**6**

これで、1786と求まります。

みなさんの暗算しやすいほうで求めるとよいでしょう。では、練習問題で練習してみましょう。

きりのよい数の引き算の暗算練習

次の計算をしてみましょう。

❶1000−354=

❷6815円の商品を買いました。
1万円札を出したときのおつりは何円ですか。

❸3000−1215= ❹67000−51859=

❺500000−84624=

解答

❶1000−354
=999−354+1=**646**

❷10000−6815
=9999−6815+1=**3185円**

❸3000−1215
=2999−1215+1=**1785**

❹67000−51859
=66999−51859+1
=**15141**

❺500000−84624
=499999−84624+1
=**415376**

ビジネスで必須！
ざっくり計算する方法

難易度 👍👍👍

概算の基本は
たし算と引き算から

社内にて

部長——今月の現時点での売上高は2407万円だが、売上予測では、今月末までにさらに1428万円の売上の上積みを見込んでいる。

社員——（瞬時に）ということは今月の予想売上高は約3800万円ということですね。

部長——そうだ。それから、A銀行から4864万円借りているが、今年中に2585万円を返済予定だ。

社員——（瞬時に）ということは、A銀行からの借り入れが約2300万円に減る予定であるということですね。

部長——その通りだ。あと、毎月48万円をB社に計27ヶ月にわたって支払わなければならないのは覚えているか？

社員——（瞬時に）はい。覚えています。合計して約1250万円の支払いがあるということですね。

部長——大体そんなところだ。あとC銀行からの1476万円の借入金を12回分割で返済する予定なのだが、1回の返済額は大体どれくらいかね？

社員——（瞬時に）1回の返済額は約125万円になりますね。
部長——大体の金額とはいえ、よくぱっと答えられるものだ。大したものだよ。

➕ たし算の概算術

会話の例では、2407＋1428を社員が約3800と概算しています。たし算の概算は**四捨五入**を使いましょう。2407と1428を四捨五入して**百の位までの概数**にすると2400と1400になります。これをたして約3800と求めているわけです。

正確な計算をすると、

　　　2407＋1428＝3835

となりますから、誤差率は約0.9％となります。

もっと正確な計算結果に近づけるには四捨五入するケタを小さくすればよいのです。2407と1428を四捨五入して**十の位までの概数**にすると2410と1430になります。これをたして約3840とすれば、誤差率は約0.1％になり、より正確な値に近づきます。

➖ 引き算の概算術

引き算の概算も、たし算と同じように**四捨五入**を使います。会話の例で、社員は4864－2585を概算して約2300と求めていま

す。

　4864と2585を四捨五入して**百の位までの概数**にすると4900と2600になります。4900から2600を引いて約2300と求めればよいのです。

　正しい計算結果は、

$$4864 - 2585 = 2279$$

となり、誤差率は約0.9％です。

　さらに正確な値に近づけたい場合は、四捨五入して**十の位までの概数**にして計算しましょう。4864と2585を四捨五入して十の位までの概数にすると4860と2590になります。4860から2590を引いて約2270と求めると、誤差率は約0.4％とさらに小さくなります。

ポイント　たし算、引き算の概算は、四捨五入を使う

かけ算わり算の「ざっくり計算法」

難易度 👍👍👍

誤差を小さくする意外な工夫

70ページの部長と社員の会話です。

> 部長——毎月48万円をB社に計27ヶ月にわたって支払わなければならないのは覚えているか?
> 社員——(瞬時に) はい。覚えています。合計して約1250万円の支払いがあるということですね。

この会話で、48×27の計算を社員が約1250と概算しています。48×27の正確な計算結果は、

48×27＝1296

です。

かなり大ざっぱな概算として、48と27を四捨五入して十の位までの概数にして計算する方法があります。
48と27を四捨五入して十の位までの概数にすると50と30になります。

50×30＝約1500

と求まりますがこれだと誤差率は約16％ですから、あまり信頼できる概算とはいえません。誤差をより小さくするかけ算の概算について、**同じ数をたし引きしてかける概算法**がありますので解説します。

同じ数をたし引きしてかける概算法

例 48×27

まず、**48に2をたして、きりのよい数の50にします。次に同じ2を27から引き、25にします。50と25をかけて1250とする**のです。ちなみに50×25は50×(20＋5)と変形して分配法則で解くことができます。

$$\underset{\text{②をたす}}{48} \times \underset{\text{②を引く}}{27}$$
$$50 \times 25 = \underbrace{50 \times (20+5)}_{\text{分配法則}} = 50 \times 20 + 50 \times 5$$
$$= 1000 + 250$$
$$= 1250$$

この方法で得られた1250の誤差率は約3.5％でまずまず信頼できる数値であるといえるでしょう。このように、**一方の数にある数をたして、きりのよい数にして、もう一方の数からその数を引いた数をかける方法**では、ある程度信頼できる概算ができます。

もう1つ例をあげましょう。

例 81×75＝6075

四捨五入してかける方法ですと80×80＝6400で、誤差率は約5.3％になります。

　では、同じ数をたし引きしてかける概算法で計算してみましょう。81から1を引いて、きりの良い数の80にします。一方の75に1をたして76にします。80と76をかけて6080で、誤差率は約0.08％となり、かなり正確な値を得ることができました。

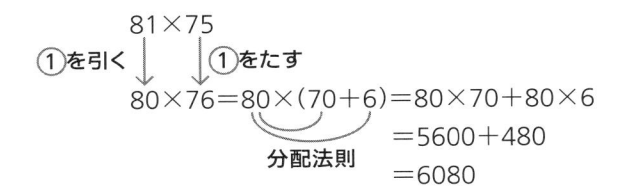

$$
\begin{array}{c}
81\times75 \\
\underset{①を引く}{\downarrow}\quad\underset{①をたす}{\downarrow} \\
80\times76=\underbrace{80\times(70+6)}_{\text{分配法則}}=80\times70+80\times6 \\
=5600+480 \\
=6080
\end{array}
$$

✢ わり算の概算術

> 部長——あとC銀行からの1476万円の借入金を12回分割で返済する予定なのだが、1回の返済額は大体どれくらいかね？
> 社員——（瞬時に）1回の返済額は約125万円になりますね。

　会話の例で、社員は1476÷12の計算を約125と概算しています。**わり算の概算では四捨五入が有効**です。では、順を追って説明しましょう。

わり算の概算法

例 1476÷12

❶ まず1476の十の位を四捨五入して1500としましょう。

$$1476 \div 12$$
四捨五入
$$1500 \div 12$$

❷ 1500÷12を約分方式（P57を参照）で計算します。

$$\begin{aligned}
&1500 \div 12 \\
=&1500 \div (2 \times 2 \times 3) \quad \text{12＝2×2×3に分解する} \\
=&1500 \div 3 \div 2 \div 2 \\
=&500 \div 2 \div 2 \quad \text{1500÷3＝500を計算する} \\
=&250 \div 2 \quad \text{500÷2＝250を計算する} \\
=&125
\end{aligned}$$

これで1476÷12を約125と求めることができました。正しい計算結果は123なので、誤差率は約1.6％におさえることができました。

では、加減乗除の概算について練習していきましょう。

概算の練習問題

次の計算を概算でしてみましょう(本文で解説した方法で概算しましょう)。

❶3765+2871=　　❷6574-4563=　　❸88×56=
❹3627÷18=

解答

❶四捨五入して百の位までの概数にして求めると
3765+2871→3800+2900=**6700**(誤差率は約1%)
四捨五入して十の位までの概数にして求めると
3765+2871→3770+2870=**6640**(誤差率は約0.06%)

❷四捨五入して百の位までの概数にして求めると
6574-4563→6600-4600=**2000**(誤差率は約0.5%)
四捨五入して十の位までの概数にして求めると
6574-4563→6570-4560=**2010**(誤差率は約0.05%)

❸　　　　88×56
　②をたす↓　↓②を引く
　　　　90×54=**4860**(誤差率は約1.4%)

❹3627の十の位を四捨五入して3600にして
　3600÷18で約**200**(誤差率は約0.7%)

小数点のある計算も素早くできる!

難易度 👍👍👍

「小数点のダンス」でラクに計算

株が趣味の2人の会話

A——おう、久しぶり。なんだか機嫌がよさそうじゃないか。

B——うん、まあね。最近、株のほうの調子がいいんだ。昨日も持ち株の株価が2800円から1日で6％も上がってね。

A——2800×0.06＝168だから、1日で168円も上がったのか。それは上機嫌になるはずだ。

B——君の持ち株の調子はどうだい？

A——俺は全然ダメ。この前なんか、1日で株価の15％の120円も下落してね。値下がり率ランキングにも載っちゃって、ぞっとしたよ。

B——120÷0.15＝800だから、800円から15％も下がったってことか。俺も経験あるけど、そういうのは心臓に悪いよね。

A——うん、できれば経験したくないね。

小数計算はもう怖くない！

割合の計算をするときは、小数の計算が必要になる場合があります。小数が出てきたら計算はお手上げ……という状態になっていませんか。小数計算もコツを知れば楽々できます。では、AとBの会話をもう一度みてみましょう。

> B──最近、株のほうの調子がいいんだ。昨日も持ち株の株価が2800円から1日で6％も上がってね。
> A──2800×0.06＝168だから、1日で168円も上がったのか。

6％を小数に直すと0.06ですね。Aは2800×0.06＝168の計算を瞬時にしています。

2800×0.06は小数のままでは暗算しづらいので、整数どうしのかけ算に直しましょう。整数どうしのかけ算に直すためには、**小数点のダンス**（私の造語です）という考え方を使います。

かけ算での小数点のダンスのしかた

かけ算では、小数点が**左右逆に同じケタだけ**ダンス（移動）します。

2800×0.06で、0.06の小数点を右に2ケタ移動すれば整数の6になりますね。つまり、次のように、**小数点を2ケタだけ右にダンス（移動）させる**のです。

$$2800 \times 0.06$$
小数点が右に2ケタダンス

このように書くと、小数点がピョンピョンとダンスしているように見えるので「小数点のダンス」と名づけました。

0.06だけ小数点をダンスさせたのでは答えが違ってくるので、2800も小数点をダンスさせます。かけ算では、小数点が**左右逆に同じケタだけ**ダンスするのですから、次のように**2800の小数点を左に2ケタだけダンス**させます。

$$2800 \times 0.06 = 28 \times 6$$
左に2ケタダンス　　右に2ケタダンス

これにより、28×6と変形できました。28×6は分配法則を使って次のように計算できますね。

　　28×6
＝(20＋8)×6
＝20×6＋8×6
＝168

これで、2800×0.06＝168と求めることができました。

　2800×0.06　⎫小数点のダンス
＝28×6　　　　⎬
＝168　　　　　⎭分配法則

この流れが分かれば解けるので、慣れれば暗算で解くことができます。

わり算での「小数点のダンス」の使い方

難易度 👍👍👍

かけ算とわり算でダンスのしかたはどう違う?

では、次の会話をみてみましょう。

> A──この前なんか、1日で株価の15％の120円も下落してね。値下がり率ランキングにも載っちゃって、ぞっとしたよ。
> B── 120÷0.15＝800だから、800円から15％も下がったってことか。

この会話では、120÷0.15＝800の計算を、Bが瞬時にしています。わり算の計算でも小数点のダンスは役に立ちます。

しかし、**わり算では、かけ算のときと小数点のダンスのしかたがかわるので注意**しましょう。

➗ わり算での小数点のダンスのしかた

わり算では、小数点が**左右同じ方向に同じケタだけ**ダンスします。

120÷0.15の計算では、0.15を整数に直したいので、120と0.15の小数点を次のように、それぞれ右に2つずつダンスさせます。120は**小数点以下の0を2つ追加**して次のように右に2つダンスさせます。

$$120.00 \div 0.15 = 12000 \div 15$$

0を2つ追加
それぞれ右に2ケタずつダンス

これで、120÷0.15＝12000÷15と変形することができました。12000÷15は約分方式の暗算法（P57を参照）で求めることができます。15＝3×5なので12000÷15を次のように変形して求めましょう。

$$12000 \div 15$$
$$= 12000 \div (3 \times 5)$$
$$= 12000 \div 3 \div 5$$
$$= 4000 \div 5 = 800$$

これにより答えの800を求めることができました。以上の計算をまとめると次のようになります。

$$120 \div 0.15$$
$$= 12000 \div 15$$
$$= 800$$

小数点のダンス
約分方式

この計算も慣れると暗算でできるようになりますので練習していきましょう。

小数点のダンスを利用した暗算練習

練習① 次の計算をしてみましょう。

❶ 710×0.3＝
❷ 0.24×5000＝
❸ 32÷0.2＝
❹ 27÷0.18＝

練習② 次の□にあてはまる数を計算しましょう。

❶ 2600万円の8％は□万円です。
❷ □億円の3％は93億円です。
❸ 3700円の7％は□円です。
❹ □万円の12％は30万円です。

解答①

❶ 710×0.3
＝71×3＝**213**

❷ 0.24×5000
＝24×50＝**1200**

❸ 32÷0.2
＝320÷2＝**160**

❹ 27÷0.18
＝2700÷18
＝2700÷(2×3×3)
＝2700÷3÷3÷2
＝900÷3÷2
＝300÷2＝**150**

解答 ❷

❶ 2600×0.08
＝26×8＝**208**（**万円**）

❷ 93÷0.03
＝9300÷3＝**3100**（**億円**）

❸ 3700×0.07
＝37×7＝**259**（**円**）

❹ 30÷0.12
＝3000÷12
＝3000÷(2×2×3)
＝3000÷3÷2÷2
＝1000÷2÷2
＝500÷2＝**250**（**万円**）

「割合計算」で一目置かれる方法

難易度

売上増加率が高いのはどっち?

エレベーターにて

部長——昨年度のA支社の売上は50億円でした。今年度は56億円になりそうです。また、昨年度のB支社の売上は32億円でしたが、今年度は36億円です。

社長——(瞬時に)B支社のほうが売上増加率が高いのだな。

部長——……??

社長——A支社は12％の売上増、B支社は12.5％の売上増だろう。君、これくらいすぐに計算できんのかね。

部長——…は、はい、申し訳ありません。

割合計算を暗算しよう!

　この例で、A支社は売上を6億円伸ばし、B支社は売上を4億円伸ばしているのですから、一見A支社のほうが売上を伸ばしているように感じます。しかし、割合でみれば実はB支社のほうが売上を伸ばしていることを社長がズバッと指摘しています。

金額の増加と割合の増加をそれぞれ計算し、この両者をもとに伸び具合を判断することは、読者の方もビジネスで経験があると思います。割合計算を瞬時にできると、経営判断をより素早く、的確に行うことができます。

　この割合計算はどのようにすればよいのでしょうか。

　A支社の売上が、50億円から56億円に12％増になった、というのを教科書的な式で解くと次のようになります。
　　　　56－50＝6
　　　　6÷50＝0.12
　　　　0.12×100＝12
　この3つの式をもとに12％増になった、ということができます。でも、実際にこの計算を暗算でするとなると、特に第2式の6÷50＝0.12の計算が大変そうですね。6÷50の計算は、義務教育では、筆算によって求めることを教えられますが、筆算の式を頭に思い浮かべて解くことはかなりややこしそうです。

　では、数字に強い人がどのように暗算するかと言うと、まず**6÷50を分数に変換**して$\frac{6}{50}$とします。$\frac{6}{50}$は$\frac{12}{100}$に等しいので、$\frac{12}{100}$に100をかけて12％とするのです。以上をまとめると、次のようになります。

教科書的な解き方
　　　　56－50＝6
　　　　6÷50＝0.12　　　　　　←**小数計算が大変!**

$0.12 \times 100 = 12$

数字に強い人の暗算テクニック

$56 - 50 = 6$
$6 \div 50 = \dfrac{6}{50} = \dfrac{12}{100}$ ←分数計算なら暗算できる！
$\dfrac{12}{100} \times 100 = 12$

　次に、B支社の売上が32億円から36億円に12.5％増になった、というのを教科書的な式で解くと次のようになります。

$36 - 32 = 4$

$4 \div 32 = 0.125$

$0.125 \times 100 = 12.5$

　やはり、第2式の$4 \div 32 = 0.125$という小数計算を暗算で解くのが大変そうです。では、数字に強い人がどのように暗算するかと言うと、まず$4 \div 32$を分数に変換して$\dfrac{4}{32}$として約分して$\dfrac{1}{8}$と求めます。そして、$\dfrac{1}{8}$が0.125に等しいことを暗記しているため、12.5％とすぐに答えることができるのです。

　以上をまとめると、次のようになります。

教科書的な解き方

$36 - 32 = 4$

$4 \div 32 = 0.125$ ←小数計算が大変！

$0.125 \times 100 = 12.5$

数字に強い人の暗算テクニック

$36 - 32 = 4$

$4 \div 32 = \dfrac{4}{32} = \dfrac{1}{8} = 0.125$ ←暗記している!

$0.125 \times 100 = 12.5$

÷ 割合計算は分数の計算にもちこむことがポイント

例で社長は2つの割合の計算を暗算しましたが、どちらの暗算も**小数の計算ではなく分数の計算にもちこんで暗算することがポイント**です。

数字に強い人の多くは分数と小数の変換を、ある程度暗記しています。特に次の分数と小数の変換は覚えておくことをおすすめします。

この分数と小数の変換を覚えよう!

$\dfrac{1}{4} \leftrightarrow 0.25$　　$\dfrac{3}{4} \leftrightarrow 0.75$

$\dfrac{1}{8} \leftrightarrow 0.125$　　$\dfrac{3}{8} \leftrightarrow 0.375$　　$\dfrac{5}{8} \leftrightarrow 0.625$　　$\dfrac{7}{8} \leftrightarrow 0.875$

この変換を覚えていると$\dfrac{1}{8}$だから12.5％、$\dfrac{3}{4}$だから7割5分など、**分数を割合に変換することが瞬時にできる**ようになります。では、次のページで割合計算の暗算を練習してみましょう。

割合の暗算練習

次の□にあてはまる数を計算してみましょう。
❶ 8千万円が□％増加して、1億円になった。
❷ 社員数は300人だったが、□％減少して、276人になった。
❸ 昨年の店舗数は140店舗。今年は□割増えて、168店舗になった。
❹ 入社時の年収は500万円、今は575万円。□割□分昇給したということだ。

解答

❶ 1億円＝10千万円ですから、8と10を比べましょう。
$$10-8=2$$
$$2 \div 8 = \frac{2}{8} = \frac{1}{4} = 0.25 \rightarrow \underline{25\,(\%)}$$

❷ $300-276=24$
$$24 \div 300 = \frac{24}{300} = \frac{8}{100} \rightarrow \underline{8\,(\%)}$$

$\frac{24}{300}$ を $\frac{2}{25}$ まで約分するのではなく、$\frac{8}{100}$ に約分すると8％であることがすぐに分かります。

❸ $168-140=28$
$$28 \div 140 = \frac{28}{140} = \frac{1}{5} \rightarrow \underline{2\,(割)} \leftarrow \frac{1}{5}=0.2なので2割$$

❹ 575−500=75
　75÷500=$\frac{75}{500}$=$\frac{15}{100}$→**1（割）5（分）**

$\frac{75}{500}$を$\frac{3}{20}$まで約分するのではなく、$\frac{15}{100}$に約分すると1割5分であることがすぐに分かります。

繰り下がりのある引き算を瞬時に解く

難易度 👍👍👍

「逆筆算」で頭から解くテクニック

　327－178のような繰り下がりのある引き算の暗算をできないものとして敬遠していませんか。引き算の暗算も練習を積めば、比較的かんたんにできるようになります。マスターすれば、ビジネスの現場で役に立つことが多いでしょう。

　327－178を筆算で解く場合に、普通は一の位から解いていきますね。

```
   3 2 7
 － 1 7 8
 ───────
   1 4 9
```

　ご存知の通り、まず327の一の位の7から、178の一の位の8は引けないので、327の十の位の2から1をかりてきて17－8＝9と一番小さい位である一の位から求めていきます。

　しかし、327－178を暗算で解く場合は、答えの149を「ひゃくよんじゅうきゅう」と百の位から声に出さなければならないので、一の位から求める方法ではうまくいきません。答えである149の百の位から求めたいところです。

　そのためには、大きい位から答えを求める**逆筆算**（私の造語で

す）が有効です。では、その逆筆算の方法について説明します。

■■■ 引き算の逆筆算のしかた

例 327－178

```
   3 2 7
 － 1 7 8
```

❶まず、百の位の次に大きい、十の位に注目します。327の十の位は2、178の十の位は7ですね。**2から7は引けないことを確認**します。

```
   3②7
 － 1⑦8
```
2から7は引けない

❷327と178の百の位に注目します。327の百の位は3、178の百の位は1ですね。❶で2から7は引けないことが分かったので、通常の筆算では、327の百の位の3から1かりることになります。だから、**327の百の位の3から、かす分の1を引いて2にします。**

```
   2̷3̷ 2 7
 － 1 7 8
```
3から1を引いて2とする

❸その2から、178の百の位の1を引いて1とします。この1が答えの百の位です。

```
  2
  3̸ 2 7
－ 1 7 8   2から1を引いて1とする
─────
      1
```

❹一の位に注目します。327の一の位は7、178の一の位は8です。**7から8は引けないことを確認**します。

```
  3 2 ⑦
－ 1 7 ⑧   7から8は引けない
─────
      1
```

❺❹で一の位の7から8は引けないことが分かったので、通常の筆算では、327の十の位の2から1かりることになります。だから、**327の十の位の2から、かす分の1を引いて1にします。**

```
    1
  3 2̸ 7
－ 1 7 8   2から1を引いて1とする
─────
      1
```

❻十の位の1から7は引けませんが、327の百の位の3から1かりますので、1に10をたした11から7を引いて4とします。この4が答えの十の位です。

```
    1
  3 2̸ 7
－ 1 7 8   11から7を引いて4とする
─────
    1 4
```

❼一の位の7から8は引けませんが、327の十の位の2から1かりますので、7に10をたした17から8を引いて9とします。この9が答えの一の位です。

```
    3 2 7
 －1 7 8   17から8を引いて9とする
    1 4 9
```

　これで、327－178＝149と百の位から順に求めることができました。一見複雑な手順にみえるかもしれませんが、ようは**引き算の筆算は逆からでもできる**ということです。慣れれば逆筆算を頭の中で行い、引き算の暗算をすることもできるようになります。

> **ポイント** 　**引き算の筆算は逆からでもできる。逆筆算に慣れれば暗算もできるようになる**

　ためしに次の練習問題で、逆筆算を練習してみてください。いきなり暗算するのは難しいでしょうから、はじめは紙に筆算を書いて大きい位から求める練習をしましょう。慣れてきたら暗算で解くようにするとよいでしょう。自信のある方は初めから暗算に挑戦してみてください。

引き算の暗算(逆筆算)練習

次の計算を逆筆算でしてみましょう(慣れていなければ筆算で求めるところから始めても構いません)。

❶　534
　−378

❷　7618
　−3909

❸ 325−198＝

❹ 841−576＝　　❺ 5272−3879＝

解答

❶　534
　−378
　156

❷　7618
　−3909
　3709

❸ 325−198＝**127**

※198を引くということは、「200を引いて2たす」のと同じことですから、

325−200＋2＝127

と暗算する方法もあります。

❹ 841−576＝**265**　　❺ 5272−3879＝**1393**

「逆筆算」はたし算でも使える!

難易度 👍👍👍

繰り上がりのあるたし算を計算する

327＋189のような繰り上がりのあるたし算も逆筆算をすれば、暗算することができます。引き算の逆筆算よりかんたんです。

➕ たし算の逆筆算のしかた

例 327＋189

```
  327
＋189
```

❶まず、百の位の次に大きい、十の位に注目します。327の十の位は2、189の十の位は8ですね。**2と8をたすと10となる（10以上なので繰り上がる）ことを確認**します。

```
  3②7
＋1⑧9
```
2と8をたすと10になる

❷百の位に注目します。327の百の位は3、189の百の位は1ですね。十の位どうしをたすと10になり繰り上がることが分かった

ので、3に繰り上がりの1をたして4にします。

```
  4̶3̶ 2 7    3に1をたして4とする
＋ 1 8 9
```

❸百の位の4と1をたして5とします。この5が答えの百の位となります。

```
  4̶3̶ 2 7
＋ 1 8 9
      5      4と1をたして5とする
```

❹一の位に注目します。327の一の位は7、189の一の位は9ですね。**7と9をたすと16となる（10以上なので繰り上がる）ことを確**認します。

```
  3 2 ⑦     7と9をたすと16になる
＋ 1 8 ⑨
      5
```

❺327の十の位は2、189の十の位は8です。一の位どうしをたすと16になり繰り上がることが分かったので、2に繰り上がりの1をたして3にします。

```
  3̶ 3 7     2に1をたして3とする
  3 2̶ 7
＋ 1 8 9
      5
```

❻十の位の3と8をたした11の一の位の1が、答えの十の位となります。

```
      3
   3 2̸ 7
 + 1 8 9
 ─────────
     5 1      3+8＝11で11の1の位の1を書く
```

❼一の位の7と9をたした16の一の位の6が、答えの一の位となります。

```
   3 2 7
 + 1 8 9
 ─────────
   5 1 6   7+9＝16で16の1の位の6を書く
```

　たし算の逆筆算も練習すれば、暗算することが可能になります。では練習問題で練習してみましょう。

たし算の暗算（逆筆算）練習

次の計算を逆筆算でしてみましょう（慣れていなければ筆算で求めるところから始めても構いません）。

❶　524
　＋197

❷　6519
　＋7195

❸ 538＋376＝

❹ 954＋641＝

❺ 38685＋54317＝

解答

❶　524
　＋197
　　721

❷　6519
　＋7195
　13714

❸ 538＋376＝**914**　　❹ 954＋641＝**1595**

❺ 38685＋54317＝**93002**

第3章

プラスアルファで覚えたい！生活でも役立つ計算テクニック

値引きとポイント還元、どっちが得？ 割り勘の計算のスマートなやり方……など、ビジネスだけでなく日常でも役立つテクニックを紹介。

計算ミスを
すぐに見つける方法

難易度 👍👍👍

検算の必殺技「九去法(きゅうきょ)」を使おう!

社内にて

新入社員——何かお呼びでしょうか。

課長———君が作った資料に4つも計算ミスがあったぞ。

新入社員——えっ、そんなに……。

課長———そうだ。これを見てみなさい。まず、ここの計算。これって1228万円と5134万円をたして、6162万円を答えとしたということだよね?

新入社員——はい、そうですけど……。

課長———1228+5134は6162じゃないから、もう一度計算してきなさい。

新入社員——はい、すみません……。

課長———次はここ。ここは、8112から6715を引いて1297としているんだよね?

新入社員——はい。その通りです。

課長———8112−6715は1297じゃないから、ここも修正しなさい。

新入社員——はい、分かりました……。

課長———まだあるぞ。ここは372に169をかけて62968とし

新入社員── はい、そうです……。
課長──── 372×169は62968じゃないからもう一度計算してきなさい。
新入社員── はい…すみません。
課長──── 最後にもう1つ。ここを見なさい。ここは、463143を587でわって769としているんだよね?
新入社員── はい、そうです……。
課長──── 463143÷587は769ではないから再計算してきなさい。こういう資料で数字が正確であることは基本中の基本なんだ。今後、厳重に気をつけるように。
新入社員── 分かりました……。今後気をつけます。

➕「九去法」とは?

　自分が求めた計算結果に自信がないとき、もしくは他人が求めた計算結果の正誤をチェックしたいとき、検算が力を発揮します。様々な計算を瞬時にできる能力も大切ですが、計算結果が正しいかどうかすぐに見極める能力も培っておきたいものです。**暗算能力と検算能力を併せ持ってこそ、素早く正確な本物の計算力を持つことができるといえます。**

　一般的な検算法についてみてみると、もう一度同じ計算をしてみるなどのいくつかの方法があります。ここでは、ケタの多い計算でも驚くほど素早く検算ができる**九去法**という検算法を紹介します。

まず、課長は1228＋5134の計算結果が6162でないことを新入社員に指摘しています。1228＋5134が6162にならないことは、九去法を使うとすぐに分かります。九去法とは次のような検算法です。

➕ 九去法のたし算検算法

例 1228＋5134が6162にならないことの検算

❶まず、1228の千の位と一の位をたすと1＋8＝**9になるので、1と8を消します。**このように、**たして9になると取り去るので九去法**というのです。1と8を取り去ると百の位と十の位の2と2が残るので、それらをたして4とします。

たして9で消す
~~1~~22~~8~~
2＋2＝4

❷次に5134の千の位と一の位をたすと5＋4＝**9になるので、5と4を消します。**5と4を取り去ると百の位と十の位の1と3が残るので、それらをたして4とします。

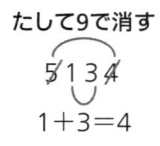

たして9で消す
~~5~~13~~4~~
1＋3＝4

❸❶で求めた4と❷で求めた4をたして4＋4＝8とします。

❹6162の百の位と十の位と一の位をたすと1＋6＋2＝**9になるので、1と6と2を消します**。1と6と2を取り去ると、6が残ります。

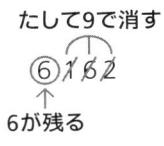

たして9で消す
⑥̸1̸6̸2̸
↑
6が残る

❺❸で求めた8と❹で求めた6が一致しません。九去法では**一致しなければ答えは間違い**ということです。つまり、1228＋5134の答えが6162ではないことが分かります。全体の流れをまとめると下記のようになります。

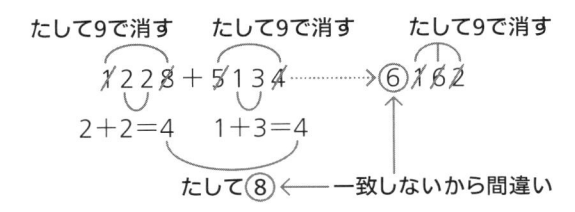

たして9で消す　たして9で消す　　　たして9で消す
1̸228＋5̸134 ……→ ⑥̸1̸6̸2̸
2＋2＝4　1＋3＝4　　　　　↑
たして⑧ ← 一致しないから間違い

　解説したのは間違ったときの検算法でしたが、正しいときはどうなるかも見ておきましょう。1228＋5134の正しい計算結果は6362です。1228＋5134＝6362が正しいかどうか、九去法で確かめてみると次のようになります。

1̸228＋5̸134 ……→ 6̸3̸62
2＋2＝4　1＋3＝4　　　6＋2＝⑧
　　　　　　　　　　　　↑
　　　　4＋4＝⑧ ← 一致するので正しい

難易度

「九去法」をもっとくわしく知ろう

ようは「たして9になれば消す」

九去法についてもっとくわしくみていきましょう。次の例題をみてください。

例 次の計算が正しいかどうか九去法で確かめなさい。

9127＋1537＝10664

では、この例題を解説していきます。

❶まず、9127を九去しましょう。千の位の9はそのまま消します。**9はそのまま消してもよい**、というのをおさえておきましょう。また、十の位と一の位の2と7はたして9になりますから消しましょう。これにより1が残ります。

```
      9はそのまま消す
          ↓
        9̶1 2̶ 7̶ → 1が残る
          ‿‿
       たして9なので消す
```

❷1537を九去します。1537の1と5と3をたすと9になりますので1と5と3を消しましょう。これにより7が残ります。

1̸5̸3̸7 → 7が残る
たして9なので消す

❸ ❶で残った1と❷で残った7をたして8とします。

❹ 答えの10664を九去しましょう。10664は**どのケタの数をたしても9になりません。このようなときは、すべてのケタの数をたしましょう**。

$$1+0+6+6+4=17$$

そして、この**17の十の位と一の位をたして8**とします。このように、**1ケタの数になるまで、ケタの数をたす**のです。

```
10664
  ↓ すべてのケタの数をたす
1+0+6+6+4=17
  ↓ 17の1と7をたす
1+7=8
```

❺ ❸で求めた8と❹で求めた8が等しいので、答えは正しいということが分かります。以上をまとめると次のようになります。

9̸1̸2̸7̸ + 1̸5̸3̸7̸ = 10664
1+7=⑧   1+0+6+6+4=17
             ↓
           1+7=⑧

一致するので正しい

九去法の弱点

勘のいい方はお気づきかもしれませんが、九去法には弱点があります。それは、計算結果が間違っていても、九去法では偶然正しいと判定される場合があるということです。次の例をみてください。

例 8972＋5478＝14810

8972＋5478の正しい計算結果は14450ですから、例の計算は間違っています。しかし、九去法で検算すると次のようになり、正しいという判定になってしまうのです。

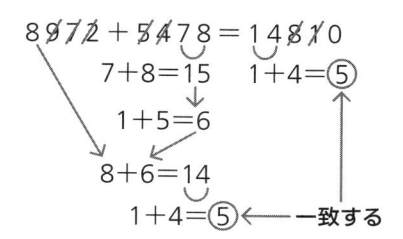

$$8972 + 5478 = 14810$$
$$7+8=15 \quad 1+4=⑤$$
$$1+5=6$$
$$8+6=14$$
$$1+4=⑤ \longleftarrow \textbf{一致する}$$

このように、間違った計算でも正しいという判定をしてしまう可能性があることは九去法の弱点といえるかもしれません。しかし、このようなケースが起こってしまう確率は$\frac{1}{9}$で、頻繁に起こることではありません。また、九去法によって違った数が求まった場合は、確実に計算の答えが間違っているといえるので、九去法の有用性がこれでなくなるというわけではありません。こういう場合もあるのだということを踏まえつつ、九去法を有効活用していきましょう。

「九去法」で引き算の検算をする!

難易度

「9を消す」原則は同じ

課長と新入社員の会話で引き算の計算ミスを指摘する場面がありました。

> 課長──次はここ。ここは、8112から6715を引いて1297としているんだよね?
> 新入社員──はい。その通りです。
> 課長──8112－6715は1297じゃないから、ここも修正しなさい。

課長は、8112－6715が1297ではないことを指摘していますが、引き算の九去法もたし算と同じように検算することができます。**たし算の検算では、九去した数をたしましたが、引き算の検算では九去した数を引きます**のでそこは注意しましょう。

8112－6715が1297にならないことを九去法で確かめると次のようになります。

九去法の引き算検算法

例 8112−6715が1297にならないことの検算

❶まず、8112を九去します。8112の千の位と百の位の8と1はたすと9になるので消しましょう。残った1と2をたして3を求めます。

```
   たすと9なので消す
    ⌒
   8̸1 1 2
      ⌣
    1＋2＝3
```

❷6715を九去します。6＋7＋1＋5＝19なので、19の9を消して1が残ります。

```
    6 7 1 5
  6＋7＋1＋5＝19̸
              ↓
            1が残る
```

❸1297を九去します。百の位の2と一の位の7はたすと9になるので消しましょう。十の位の9も消すと、千の位の1が残ります。

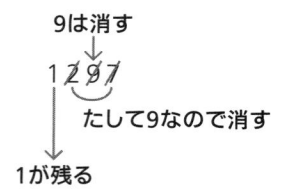

```
       9は消す
         ↓
    1 2̸ 9̸ 7̸
    ↓    ⌣
         たして9なので消す
  1が残る
```

❹❶で求めた3から❷で求めた1を引くと、3−1＝2になりますが、これは、❸で求めた1に一致しません。これにより、8112

−6715が1297にならないことが検算されました。以上の流れをまとめておきます。

$$8112 - 6715 = ①297$$
$$1+2=3 \quad 6+7+1+5=19$$
$$3-1=② \leftarrow \text{一致しない}$$

　解説したのは間違ったときの検算法でしたが、計算結果が正しいときはどうなるかも見ておきましょう。8112−6715の正しい計算結果は1397です。8112−6715＝1397が正しいかどうか、九去法で確かめてみると次のようになります。

$$1+2=3$$
$$8112 - 6715 = 1397$$
$$6+7+1+5=19 \quad 1+3+7=11$$
$$1+1=②$$
$$3-1=② \longleftarrow \text{一致するので正しい}$$

　このように、引き算も九去法で検算することができます。ただし、引き算の検算には1つ注意しなければならないことがありますので、それについて解説していきます。

引き算での九去法の注意点

　引き算の九去法には、1つ注意点があります。次の例題をみてください。

例 次の計算が正しいかどうか九去法で確かめなさい。
5234－3851＝1383

この例題を解いていきましょう。

❶まず、5234を九去します。5と4をたすと9になるので、5と4を消します。2と3が残りますのでたして5とします。

たして9で消す
~~5~~23~~4~~
2＋3＝5

❷3851を九去します。8と1をたすと9になるので、8と1を消します。3と5が残りますのでたして8とします。

たして9で消す
3~~8~~5~~1~~
3＋5＝8

❸答えの1383を九去します。1と8をたすと9になるので、1と8を消します。3と3が残りますのでたして6とします。

たして9で消す
~~1~~3~~8~~3
3＋3＝6

❹通常なら、ここで❶で求めた5から❷で求めた8を引いて、それが6になれば正しく、6にならなければ間違いとしますね。しかし、5から8を引くと負の数になってしまいます。このような

場合は、**引かれる数の5に9をたして14としてから8を引く**ようにしましょう。引かれる数の5に9をたして14とし、そこから8を引くと6になります。そして、この6が❸で求めた6と一致するので、この計算は正しいと判定されます。

```
 5－8 ←引けない
 ↓ 5に9をたす
14－8＝6
```

以上の流れをまとめると次のようになります。

$$5234 - 3851 = 1383$$
$$2+3=5 \quad 3+5=8 \quad 3+3=⑥$$

9をたす ↘
14－8＝⑥ ←一致するので正しい

このように、**九去した数が引けないときは、9をたしてから引くようにしましょう**。また、九去した数が引けない場合、もう1つ検算方法があるので解説します。

A－B＝Cであるとき、BとCをたせばAになります。この性質を利用して、Bを九去した数とCを九去した数の和がAを九去したものと等しくなれば正しいといえるという検算法です。

A－B＝C
BとCをたしたらAになる

例 7－4＝3
4と3をたしたら7になる

先ほどの5234－3851＝1383の計算でいうと、3851を九去した8と1383を九去した6をたして14とし、1＋4＝5とします。この5が、5234を九去した5と一致するので、正しいということができます。この方法をまとめると次のようになります。

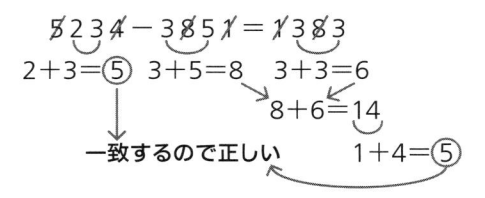

$$\cancel{5}23\cancel{4}-3\cancel{8}5\cancel{1}=\cancel{1}383$$

2＋3＝⑤　　3＋5＝8　　3＋3＝6
　　　　　　　　　　　8＋6＝14
一致するので正しい　　　1＋4＝⑤

　どちらの方法でも検算できますので、しやすいほうでするようにしましょう。

「九去法」で
かけ算の検算をする！

難易度

九去した数をかけるだけの
かんたん検算法

課長と新入社員で次の会話もありましたね。

> 課長──ここは372に169をかけて62968としているんだよな？
> 新入社員─はい、そうです……。
> 課長──372×169は62968じゃないからもう一度計算してきなさい。

　課長は、372×169は62968ではないと指摘していますが、かけ算も九去法で検算できます。検算の流れはたし算の九去法と同じですが、**九去した数をかける**ところがたし算と違うので注意しましょう。では、かけ算の九去法のしかたをみていきましょう。

九去法のかけ算検算法

例 372×169が62968にならないことの検算

❶まず、372を九去します。7と2をたすと9になるので消して3が残ります。

```
    たすと9なので消す
   3 7̸ 2̸
   ↓
   3が残る
```

❷169を九去します。9を消し、残った1と6をたして7とします。

```
      9を消す
   1 6 9̸
   1+6=7
```

❸❶で求めた3と❷で求めた7を**かけて**3×7=21とします。21の2と1をたして3とします。

$$3×7=21$$
$$2+1=3$$

❹答えの62968を次のように九去すると4が求まります。

```
     9を消す
       ↓
   6 2 9̸ 6 8
       ↓
   6+2+6+8=22
        2+2=4
```

❺❸の3と❹の4が一致しないので、間違っていることが分かります。以上をまとめたものをみてみましょう。

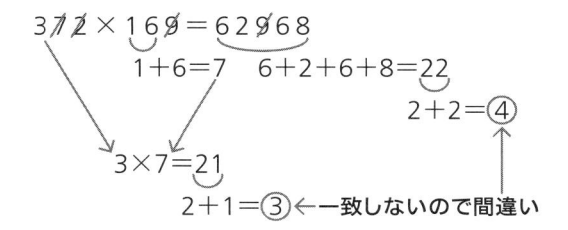

$$3\cancel{7}\cancel{2} \times 16\cancel{9} = 6\cancel{2}9\cancel{6}8$$

$1+6=7 \quad 6+2+6+8=22$

$2+2=④$

$3\times 7=21$

$2+1=③$ ←一致しないので間違い

これで、372×169が62968にならないことが検算できました。

ちなみに372×169の正しい答えは62868です。372×169＝62868が正しいことを九去法で確かめると次のようになります。

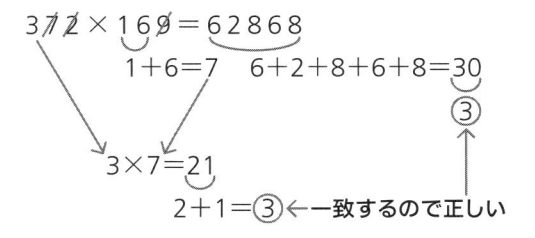

$$3\cancel{7}\cancel{2} \times 16\cancel{9} = 6 2 8 6 8$$

$1+6=7 \quad 6+2+8+6+8=30$

③

$3\times 7=21$

$2+1=③$ ←**一致するので正しい**

「九去法」でわり算の検算をする!

難易度 👍👍👍

A÷B＝Cならば
B×C＝Aだから……

間違いをたくさん指摘されて散々の新入社員さんですが、最後にわり算の計算ミスを指摘されます。

> 課長——ここは、463143を587でわって769としているんだよね?
> 新入社員—はい、そうです……。
> 課長——463143÷587は769ではないから再計算してきなさい。

463143÷587は769ではないと指摘されているわけですが、このようなケタの多い数のわり算も九去法で検算できます。ただし、少し工夫が必要ですので説明します。

A÷B＝Cが成り立つとき、BとCをかけるとAになります。A÷B＝Cの計算の正誤を検算するときは、これを利用して、**Bを九去したものとCを九去したものをかけた積を九去したものが、Aを九去したものに一致すれば正しい(一致しなければ間違い)と判定する**のです。

```
A÷B=C
```
BとCをかけたらAになる

```
6÷2=3
```
2と3をかけたら6になる

　課長と新入社員の会話の例では、463143÷587＝769が間違いであると指摘されていますが、これを検算していきましょう。

➗ 九去法のわり算検算法

例 463143÷587が769にならないことの検算

463143÷587＝769が成り立つならば、587×769＝463143も成り立つはずなので、これを九去法で検算すると次のようになります。

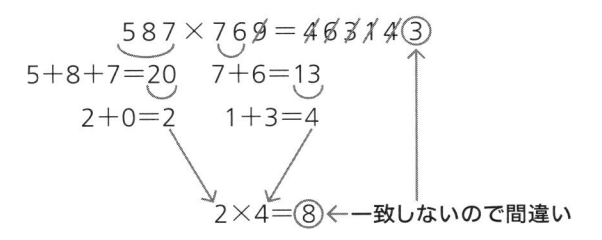

$$587 \times 769 = 463143$$

5＋8＋7＝20　　7＋6＝13
2＋0＝2　　　　1＋3＝4

2×4＝⑧ ← 一致しないので間違い

　これにより、463143÷587が769にならないことが検算されました。では、加減乗除の計算を九去法で検算する練習をしていきましょう。

九去法の練習

次の計算が正しいかどうか九去法で検算しましょう。

❶ 921＋275＝1196
❷ 3739＋6835＝10874
❸ 98449＋55268＝152717
❹ 754－285＝479
❺ 2890－1457＝1433
❻ 75304－57936＝17368
❼ 467×227＝105009
❽ 1726×125＝218750
❾ 75823×6729＝510212967
❿ 2775÷37＝75
⓫ 350413÷487＝699
⓬ 34728785÷3005＝11557

解答

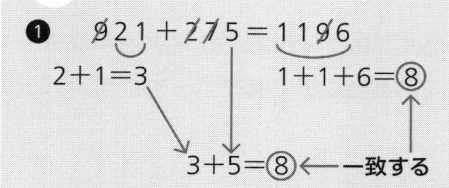

❶ ~~9~~21＋~~2~~7~~5~~＝11~~9~~6
2＋1＝3　　　　1＋1＋6＝⑧
3＋5＝⑧ ← 一致する

正しい

❷ 373~~9~~＋~~6~~8~~3~~5＝1~~0~~874
3＋7＋3＝13　　8＋5＝13　　7＋4＝11
1＋3＝4　　1＋3＝4　　1＋1＝②
4＋4＝⑧ ← 一致しない

間違い

❸ $98449 + 55268 = 152717$

$8+4+4=16$　　$5+5+2+6+8=26$
　$1+6=7$　　　　$2+6=8$

　　　　　　$7+8=15$
　　　　　　$1+5=⑥$ ← 一致しない

間違い

❹ $7504 - 285 = 479$

$2+8+5=15$　$4+7=11$
　$1+5=6$　　$1+1=②$

$7-6=①$ ← 一致しない

間違い

❺ $2890 - 1457 = 1433$

$2+8=10$　$1+7=8$　$1+4+3+3=11$
$1+0=1$　　　　　　　$1+1=②$
9をたす ↓
　　$10-8=②$ ← 一致する

正しい

❻ $75304 - 57936 = 17368$

$7+3=10$　$5+7=12$
$1+0=1$　$1+2=3$
9をたす ↓
　　$10-3=⑦$ ← 一致する

正しい

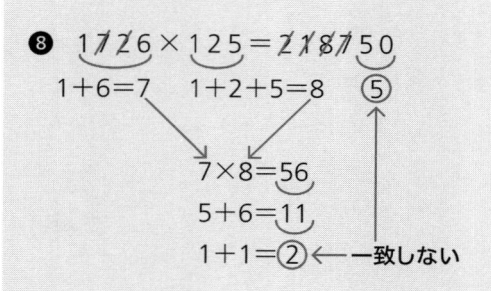

❼ $\underline{467} \times 2\cancel{2}\cancel{1} = \underline{105000\cancel{9}}$

4+6+7=17　　　　　1+5=⑥
　1+7=8　　　　　　　↑
　　↓
　　　8×2=16
　　　1+6=⑦ ← 一致しない　　　　　間違い

❽ $1\cancel{7}\underline{76} \times \underline{125} = \cancel{2}\cancel{1}8\cancel{7}50$

1+6=7　1+2+5=8　⑤
　　　　　　　　　↑
　　↘　　↙
　　　7×8=56
　　　5+6=11
　　　1+1=② ← 一致しない　　　　　間違い

❾ $\cancel{1}\underline{583} \times 6\cancel{1}\cancel{2}9 = 510\cancel{2}\cancel{1}\cancel{1}9\cancel{6}\cancel{1}$

5+8+3=16　　　　5+1=⑥
　1+6=7　　　　　　↑
　　↓
　　　7×6=42
　　　4+2=⑥ ← 一致する　　　　　正しい

122

❿ 2775÷37＝75が正しいかどうかは、37×75＝2775の検算をすれば分かります。

$$37 \times 75 = 2775$$

3＋7＝10　　7＋5＝12　　7＋5＝12
　1＋0＝1　　1＋2＝3　　1＋2＝③

　　　　1×3＝③ ←―― 一致する

<u>正しい</u>

⓫ 350413÷487＝699が正しいかどうかは、487×699＝350413の検算をすれば分かります。

$$487 \times 699 = 350413$$

4＋8＋7＝19　　　　　　4＋3＝⑦
　　1×6＝⑥ ←―― 一致しない

<u>間違い</u>

⓬ 34728785÷3005＝11557が正しいかどうかは、3005×11557＝34728785の検算をすれば分かります。

$$3005 \times 11557 = 34728785$$

3＋5＝8　　5＋5＝10　　3＋8＋7＋8＝26
　　　　　1＋0＝1　　　2＋6＝⑧

　　　　8×1＝⑧ ←―― 一致する

<u>正しい</u>

第3章　プラスアルファで覚えたい！生活でも役立つ計算テクニック

統計はウソをつく！

難易度

割合計算のパラドックス

社内にて

係長───A君、B君、入社から3ヶ月経ったけど、仕事には慣れてきたかな。今日はどれだけ業務知識がついたか小テストをしてみようか。

新入社員A───えっ、抜き打ちテストですか。

係長───まあ、そんなところかな。テストは2回に分けて行おう。2回の問題数の合計はA君、B君ともに50問だ。では、1回目のテストを行おう。A君は40問のテスト、B君は10問のテストを受けてもらおう。じゃあテスト開始だ。

1回目のテストが終了し、採点後…

係長───結果が出たぞ。A君は40問中30問正解だった。正解率は75％だからまずまずだな。B君は10問中9問正解だった。正解率は90％だからB君のほうが、正解率が高かったな。B君よく頑張った！

新入社員B───ありがとうございます！

係長───では、次に2回目のテストにいこう。今度は、A

君は10問のテスト、B君は40問のテストを受けてもらおう。じゃあテスト開始だ。

2回目のテストが終了し、採点後…

係長̶̶̶結果が出たぞ。A君は10問中1問正解だった。正解率は10％であまりよくなかったな。B君は40問中18問正解だった。正解率は45％だから今回もB君のほうが、正解率が高かったな。A君もうちょっと頑張らないとな。

新入社員A̶̶はい、頑張ります……。

係長̶̶̶では、2回あわせて何問できたか、みてみよう。A君は2回あわせて50問中31問正解で、正解率は62％だ。B君は2回あわせて50問中27問正解で、正解率は54％だ。あれ……？

新入社員B̶̶あれ……？

係長̶̶̶おかしいな。1回目も2回目もB君のほうの正解率が高かったのに、2回の合計ではA君のほうの正解率が高い……どこかで計算し間違えたかな？

新入社員A̶̶計算に間違いはないと思うんですけど……。

係長̶̶̶うーん、おかしい。本当におかしい……。

➗ どんなからくりが隠されてる？

　会話では、正解率を暗算で求める暗算テクニックも含まれているのですが、それ以前に、会話にあるような逆転現象がなぜ起こ

るのか気になると思いますので、まずそちらからお話しましょう。

	A君	B君	正解率が高いのは?
1回目	30／40　75%	9／10　90%	B君
2回目	1／10　10%	18／40　45%	B君
合計	31／50　62%	27／50　54%	A君

　1回目も2回目もB君のほうの正解率が高いのに、合計するとA君のほうの正解率が高いので、係長は頭を抱えて計算ミスを疑います。しかし、係長の計算は正しく、計算ミスはしていません。

　1回目も2回目も正解率が高ければ、合計しても当然正解率が高くなる、というのが私たちの直観ですね。でも、この直観は必ずしも正しいとは言えないのです。

　会話の例にあるような逆転現象は、**シンプソンのパラドックス**と呼ばれています。シンプソンのパラドックスは統計上のパラドックスの1つです。

　では、どうしてこのようなパラドックスが起こるかというと、1回目と2回目でA君とB君のテストの問題数が違うところが原因です。1回目と2回目の問題数をそろえてやると、次のように2回ともB君のほうの正解率が高いという現象は起こりません。

	A君		B君		正解率が高いのは？
1回目	30／40	⟨75%⟩	18／40	△45%△	A君
2回目	1／10	△10%△	9／10	⟨90%⟩	B君
合計	31／50	⟨62%⟩	27／50	△54%△	A君

　上の表では、1回目はA君のほうの正解率が高いので、逆転現象は起こっていませんね。つまり、2回の問題数をそれぞれ同じにすれば逆転現象は起こりませんが、1回目と2回目の問題数を違う数にすることによって、合計の結果とは違う逆転現象を作り出すことができるのです。

　もし、合計の結果を確かめることなく、「1回目の結果はB君のほうの正解率が高かった」「2回目の結果もB君のほうの正解率が高かった」という事実だけ聞いたら、「合計の正解率もB君のほうが高いのだろう。つまり、B君のほうがA君よりよくできる」と思い込んでしまいませんか？　でもその思い込みは必ずしも正しいとは言えないのです。

　　　⎧1回目はB君のほうが正解率が高い
　　　⎩2回目もB君のほうが正解率が高い

　　　　　　　　　✕
　　　　　　　　　⬇

　　　だから、A君よりもB君のほうがよくできる

「統計は嘘をつく」と言われることがありますが、シンプソンのパラドックスもその一例ですね。統計は作る人にとって都合のよ

い結果に見せることも可能ということですが、統計上の虚飾を取り去って本質を見抜く目を育みたいものです。

　こうしたトリックに騙されることなく、本質を見抜くことも「数字に強い」ことの1つの効用といえるでしょう。本書の「計算力を磨いて数字に強くなる」というテーマとは少しずれましたが、数字に強くなるという目的のためには有効だと思いましたので、このテーマを取り上げました。

✚ 会話に出てきた割合暗算の解説

　会話で、係長は次の計算を暗算で行いました。

❶ 30÷40＝0.75　　→ 75％（A君の1回目の正解率）
❷ 9÷10＝0.9　　　→ 90％（B君の1回目の正解率）
❸ 1÷10＝0.1　　　→ 10％（A君の2回目の正解率）
❹ 18÷40＝0.45　　→ 45％（B君の2回目の正解率）
❺ 31÷50＝0.62　　→ 62％（A君の合計の正解率）
❻ 27÷50＝0.54　　→ 54％（B君の合計の正解率）

　❶の30÷40は分数にもちこんで、30÷40＝$\frac{3}{4}$として、$\frac{3}{4}$が0.75であることを暗記していれば導けます。

　❷❸は10で割って、割られる数の位をずらすだけですから、かんたんですね。

❹の18÷40は分数にもちこんで、$18÷40=\dfrac{18}{40}=\dfrac{9}{20}=\dfrac{45}{100}$と変形すれば0.45すなわち45％であると分かります。

❺❻も分数にもちこんで、

$$31÷50=\dfrac{31}{50}=\dfrac{62}{100}$$

$$27÷50=\dfrac{27}{50}=\dfrac{54}{100}$$

と計算すれば、それぞれ62％、54％であることが分かります。

値引きとポイント還元どちらがお得?

難易度 👍👍👍

数字の裏を見抜く目を養おう

帰宅途中に

後輩——新発売のタブレット端末を買おうと思ってるんです。

先輩——それならちょうど1万円で売っていたよ。A電器店か、B電器店で買うのがおすすめだよ。

後輩——そうなんですね。どちらの電器店も近いし、少し寄り道していきませんか?

先輩——うん、いいよ。行ってみよう。

A電器店	B電器店
35%引きセール開催中!	50%ポイント還元セール実施中!

後輩——A電器店が35%引きのセールをしていて、B電器店が50%ポイント還元セールをしていますね。

先輩——どちらで買うのが得なんだろう?

後輩——それはB電器店でしょう。35%と50%だから、50%のほうがお得に決まってますよ。じゃあ買ってきますね!

後輩、タブレット端末を買い終わって戻ってくる

後輩──いやー、満足です。タブレット端末を1万円で買いました。そうしたら、50％ポイント還元で5000円分のポイントまでもらったから、5000円のパソコンソフトを無料でゲットできましたよ！

先輩──結局、1万5000円分の商品を1万円で購入したのと同じことか……、ちょっと待てよ。A電器店で買ったほうが得だったのかもしれないよ。

後輩──そんなことないですよ！ それってどういうことですか？

先輩──それはだね……。

ポイント還元の本質を見極める！

　家電量販店がよく導入しているポイント還元、最近はインターネットの通販サイトなどでも幅広く導入されるようになっています。私も家電量販店をたまに利用して、ポイントが還元されると得するような気分になるのでよいイメージを持っています。

```
┌─────────────┐ ┌─────────────┐
│   A電器店    │ │   B電器店    │
│ 35％引きセール│ │    50％     │
│   開催中！   │ │ ポイント還元 │
│             │ │ セール実施中！│
└─────────────┘ └─────────────┘
```

　会話の例では、1万円のタブレット端末を買おうとしている後

輩がA電器店とB電器店のどちらで購入するか検討します。A電器店が35％引きのセール、B電器店が50％ポイント還元セールをしていて、後輩はB電器店で購入することを決めました。

確かに数字だけみれば35％と50％ですから、B電器店のほうがお得のような気がします。でも本当にそうでしょうか。

もし、A電器店で購入すると、1万円のタブレット端末を35％割引の6500円で購入できます。A電器店の値引率は当然35％です。

一方、B電器店で購入すると値引きはしていませんからタブレット端末は価格通り1万円で購入しなければなりません。ただし、50％のポイント還元をしていますので、**1万円の50％の5000円分がポイントとして還元**されます。

後輩は、還元された5000円分のポイントを使って、パソコンソフトを取得しました。つまり、**実質的には1万円を出して、1万5000円分の商品（タブレット端末とパソコンソフト）を購入した**ことになります。

1万5000円分の商品を1万円で購入したことと同じですから、5000円の値引きと考えることができます。1万5000円から1万円への値引率は5000÷15000で求めることができます。これを計算すると次のようになります。

$$5000 \div 15000 = \frac{5000}{15000} = \frac{1}{3} = 0.333\cdots$$

　これにより、**1万5000円から1万円に約33.3％の値引きになったということができます。これは、A電器店の35％引きと比べて少ない割合**ですね。

　したがって、35％引きのセールをしているA電器店と、50％ポイント還元セールをしているB電器店を値引率で比べると**A電器店で買うほうがお得**、ということになるのです。

　このように、値引きとポイント還元を数字だけで比べるのは危険です。例えば「**50％のポイント還元と50％の値引きは同じではない**」ということをおさえておきたいものです。

　ポイント還元について本質を知らずに利用しても、損をしていることをほとんど感じずに生活することはできるでしょう。でも、一歩踏み込んで本質を知っておく視点を持つことが「数字に強くなる」ためには必要だと思いましたので、この例を紹介しました。世の中には、このような数字のからくりがあるものがまだありますので調べてみるのも面白いですね。

　ところで会話では、先輩が電卓などを使わずに、A電器店で買うほうがお得であることに気づいています。A電器店で買うほうがお得であることを求めるために必要な計算は次の2式です。

10000×0.5＝5000　←B電器店で還元されるポイントを求める

$$5000 \div (10000 + 5000) = \frac{5000}{15000} = \frac{1}{3} = 0.333\cdots \to 約33.3\%$$
（B電器店の実質的な割引率を求める）

　暗算でも解ける計算ですね。では、値引きとポイント還元についての練習問題を解いてみましょう。

✚ 値引きとポイント還元を比べる練習

次の問いを考えてみましょう。

❶5000円の商品を買いたい。C店では60％引きのセールを、D店では100％ポイント還元をしている。C店とD店のどちらで買うほうが得か。

❷1000円の商品を買いたい。E店では18％引きのセールを、F店では25％ポイント還元をしている。E店とF店のどちらで買うほうが得か。

解答

❶5000円の商品をD店で買うと100％還元になるので、5000円分のポイントが還元される。還元された5000円分のポイントで5000円の商品をさらに買うと、実質的には5000円で1万円分の商品を購入したことになる。

1万円分の商品を5000円で購入したのだから、値引率は5000÷10000＝0.5で50％になる。だから、100％ポイ

還元をしているD店より、60％引きのセールをしているC店で購入するほうが得である。　　　　　　　　**答え　C店**

❷1000円の商品をF店で買うと25％還元になるので、1000×0.25で250円分のポイントが還元される。還元された250円分のポイントで250円の商品をさらに買うと、実質的には1000円で1250円分の商品を購入したことになる。

1250円分の商品を1000円で購入したのだから、値引率は $250 \div 1250 = \dfrac{250}{1250} = \dfrac{1}{5} = 0.2$ で20％になる。だから、18％引きのセールをしているE店より、25％ポイント還元をしているF店で購入するほうが得である。　　　**答え　F店**

100%に近い割合の計算は超かんたん

難易度 👍👍👍

自社製品の展示会。
来場者数を瞬時に予測する!

広告代理店社員との打ち合わせ

課長──────展示会だけど、今週の来場者数は3100人でしたね。来週の見込みはどうですか。

広告代理店社員─宣伝効果が若干落ちてくると思うので……来週は今週の98％の来場者を見込んでいます。

課長──────（瞬時に）3038人の来場者を見込んでいるということですね。今週より来場者が減る見込みですか……。再来週はどうですか？

広告代理店社員─何本か広告を打ちますので、その効果で再来週は今週の104％の来場者を見込んでいます。

課長──────（瞬時に）3224人の来場者を見込んでいるということですね。わが社としては、もっと多くのお客様にご来場していただきたいので、来場客を増やす新しい提案を何か考えてくれますか？

広告代理店社員─分かりました。早急に考えます。ところで課長、課長は計算が速いですね。何か秘訣はあるのですか？

> 課長―――――いや、秘訣というか……話しましょうか?
>
> 広告代理店社員－お願いします!

✕ 100％に近い割合計算

　割合計算の暗算がビジネスの現場で役に立つことは先述しました。百分率(〜％)で表される割合において、100％に近い割合はよく出てきます。身近なところでいえば、日経平均株価は前日の株価をもとにすると、たいてい前日比の95％から105％におさまります。前日比±5％を超えて上がったり下がったりすると株価の乱高下と言われることがあるくらいです。

　このような100％に近い割合を使う計算は、実は大変かんたんに暗算できます。

　この会話で、課長は3100の98％を3038と、瞬時に計算しています(3100×0.98＝3038)。

　3100×0.98は小数点のダンスを使うと次のように31×98に変形できます。**かけ算では、小数点が左右逆に同じケタだけダンスする**、ということを思い出しましょう(小数点のダンスはP78を参照)。

$$3100.\times 0.98 = 31 \times 98$$
　　　左に2ケタダンス　　右に2ケタダンス

　これで、3100×0.98＝31×98と変形できました。ここで、

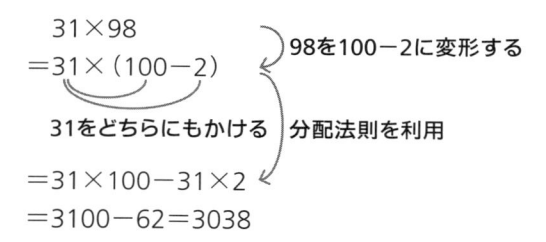

分配法則の△×(○-□)=△×○-△×□を使うと31×98は次のように解くことができます。**98は100に近いので、98を100-2と変形して分配法則にもちこむことがポイント**です。

$$31 \times 98$$
$$= 31 \times (100 - 2)$$

98を100-2に変形する

31をどちらにもかける　分配法則を利用

$$= 31 \times 100 - 31 \times 2$$
$$= 3100 - 62 = 3038$$

以上により、

$$3100 \times 0.98 = 31 \times 98 = 3038$$

の計算を解くことができました。小数点のダンスと分配法則を使って計算しましたが、これも慣れると暗算で解けるようになります。

では、次の会話をみてみましょう。

> 課長――――展示会だけど、今週の来場者数は3100人でしたね。(中略)再来週はどうですか?
> 広告代理店社員―何本か広告を打ちますので、その効果で再来週は今週の104％の来場者を見込んでいます。
> 課長――――(瞬時に)3224人の来場者を見込んでいるということですね。

この会話で、課長は3100×1.04を暗算しています。3100×1.04も同じように小数点のダンスと分配法則を使って解くこと

ができます。

$$3100 \times 1.04$$
$$= 31 \times 104$$ ← 小数点のダンスを利用
$$= 31 \times (100 + 4)$$ ← 104を100＋4に変形する

31をどちらにもかける ｜ 分配法則を利用

$$= 31 \times 100 + 31 \times 4$$
$$= 3100 + 124 = 3224$$

　104は100に近いので、104を100＋4と変形して分配法則にもちこむことがポイントです。このように、100％に近い割合の計算は、小数点のダンスと分配法則を使って暗算できることが多いのです。

100%に近い割合の暗算練習

次の□にあてはまる数を計算しましょう。
❶5400人の102％は□人です。
❷2200万円の97％は□万円です。

解答

❶　5400×1.02　　　小数点のダンスを利用
　＝54×102　　　　102を100＋2に変形
　＝54×(100＋2)　　分配法則を利用
　＝54×100＋54×2
　＝5400＋108＝**5508（人）**

❷　2200×0.97　　　小数点のダンスを利用
　＝22×97　　　　　97を100－3に変形
　＝22×(100－3)　　分配法則を利用
　＝22×100－22×3
　＝2200－66＝**2134（万円）**

「時間計算」は端数をたす!

難易度

正確な時間感覚を身につける!

研修室にて

講師——簿記のパソコン自習プログラムおつかれさまでした。Aさんのプログラム開始時刻と終了時刻を教えてくれますか?

社員A——開始時刻は午前9時32分で、終了時刻は午前11時17分でした。

講師——(瞬時に)1時間45分かかったということですね。プログラム受講者の平均所要時間が約2時間ですから、速いほうですね。Bさんはどうでしたか?

社員B——僕はちょっと苦戦してしまって……、開始時刻は午前10時28分で終了時刻は 午後1時23分でした。

講師——(瞬時に)2時間55分かかったということですね。練習していけば速くなりますから心配いりませんよ。

第3章 プラスアルファで覚えたい! 生活でも役立つ計算テクニック

時間計算の素早いやり方

　時間を厳しく管理することはビジネスの基本ですね。それだけに時間に対する計算や認識能力はできるだけ磨いておきたいものです。

　会話例では、9時32分から11時17分までの時間が1時間45分であると、研修講師が即答しています。

　9時32分から11時17分まで何時間何分か即答できなくても、9時32分から10時までなら60－32で28分と即答できますね。この28分と11時からの17分をたして45分。それに10時から11時までの1時間をたせば1時間45分と速算できます。つまり、**端数の28分と17分をたすことで速算が可能になる**のです。図で表すと次のようになります。

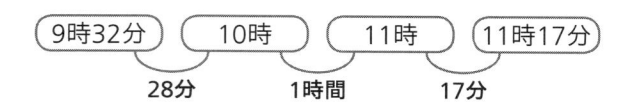

```
( 9時32分 )  ( 10時 )  ( 11時 )  ( 11時17分 )
         28分      1時間      17分
```

別解①「11時17分－9時32分」を計算する別の方法があります。11時17分を10時77分に直して、

**　　　　　10時77分－9時32分**

を計算すればよいことが分かります。10時から9時を引いて1時間、77分から32分を引いて45分、これにより、

**　　　　10時77分－9時32分＝1時間45分**

と計算することができます。これも暗算で計算できますね。

別解❷ 9時32分から11時32分までは、2時間です。

11時17分は11時32分の15分前なので、2時間から15分を引いて、

  2時間－15分＝1時間45分

と求めることもできます。

次の会話例をみてみましょう。

> 社員B——僕はちょっと苦戦してしまって……開始時刻は午前10時28分で終了時刻は 午後1時23分でした。
> 講師——（瞬時に）2時間55分かかったということですね。

午前10時28分から午後1時23分までの時間も同じように求めることができます。まず、10時28分から11時までは32分、それに1時からの23分をたして55分。その55分に、午前11時から午後1時までの2時間をたせば、2時間55分と速算できます。

```
(午前10時28分) (午前11時) (午後1時) (午後1時23分)
         32分         2時間       23分
```

別解❶ 「午後1時23分－午前10時28分」を24時制に直すと、

  13時23分－10時28分

になります。

13時23分を12時83分に直して、

  12時83分－10時28分＝2時間55分

と求めることができます。

別解2 午前10時28分から午後1時28分までは、3時間です。

午後1時23分は午後1時28分の5分前なので、3時間から5分を引いて、

3時間－5分＝2時間55分

と求めることもできます。

➕ 時間計算の暗算練習

次の□にあてはまる数を計算してみましょう。

❶ 午後3時27分から午後6時51分までは□時間□分だ。

❷ 午前6時25分に家を出て、午前8時20分に会社に着く。通勤時間は□時間□分だ。

❸ 午前10時48分から午後2時35分までは□時間□分だ。

解答

❶ 6時から3時を引いて3時間、51分から27分を引いて24分で、3時間24分。
　　　　　　　　　　　　　　　　　　　答え　3（時間）24（分）

❷ 午前6時25分から午前7時までは35分、その35分と20分をたして55分。それに7時から8時の1時間をたして、1時間55分。

(6時25分)　(7時)　(8時)　(8時20分)
　　　　35分　　　1時間　　　20分

答え　1（時間）55（分）

別解❶ 8時20分を7時80分として、
　　　7時80分－6時25分＝1時間55分

別解❷ 午前6時25分から午前8時25分は2時間。それより5分少ないのだから、
　　　2時間－5分＝1時間55分

❸午前10時48分から午前11時まで12分。それに35分をたして47分。午前11時から午後2時まで3時間だから、答えは3時間47分。

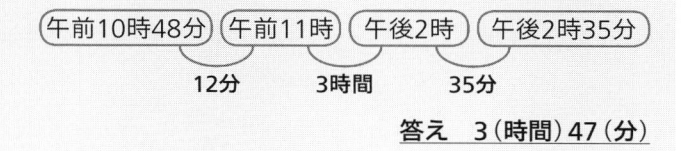

(午前10時48分)(午前11時)(午後2時)(午後2時35分)
　　　　　　12分　　　3時間　　　35分

　　　　　　　　答え　3（時間）47（分）

納期まであと何日？日にち計算の速算法

難易度

カレンダーを見ずに答える方法

社内にて

社員——今日は9月27日ですね。11月17日の納期には間に合いそうですか？

業者——はい、きちんと間に合わせますのでご安心ください。

社員——11月17日まであと何日でしたっけ？

業者——(瞬時に) 11月17日まであと51日です。残りの日数もきちんと把握しながらスケジュール通り進めています。

社員——安心しました。よろしく頼みますよ。

業者——承知しました。

➕ 日付計算は「1をたすかどうか」が大事

　納期など、大切な期日まであと何日あるか、あいまいではなく正確に把握しておくことで、実現可能な計画を立てることができます。例にあったように「9月27日から、納期の11月17日まで、あと51日である」と瞬時に暗算できれば、「この人は締め切りに

対する意識が高いな」と信頼されることは言うまでもありません。

　例では、9月27日から納期の11月17日まで、あと51日であると業者が即答しています。この速算法について解説します。まず、9月が30日、10月が31日あることをおさえましょう。

　9月27日から9月30日まで**あと3日**です。その3日とは28日、29日、30日です。ちなみに、9月27日から9月30日まで、（27日も入れて）**全部で何日あるか**というと4日間（27日、28日、29日、30日）あります。ここでは、**あと何日**か聞かれているので3日のほうで考えましょう。

　その3日に、10月の31日をたします。3＋31＝34ですね。その34に11月17日の17をたします。34＋17＝51で答えは、あと51日となるのです。

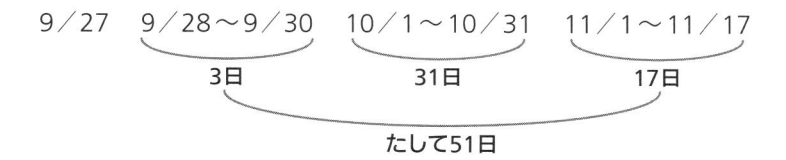

```
9／27　9／28〜9／30　10／1〜10／31　11／1〜11／17
　　　　　　3日　　　　　　31日　　　　　　17日
　　　　　　　　　　　たして51日
```

　日付計算が少しややこしいのは、1をたすのか、それともたしも引きもしないのか、という判断がしづらい場合があるからです。例えば、次の問題に即答してください。

例❶ ❶17から22まで整数は全部でいくつありますか。

❷今日は10月17日。10月22日まであと何日ですか。

❶で5つ、と答えてしまった方は残念ながら間違いです。17から22には整数は**5つではなく、6つあります**。22－17＝5で5つと答えてはいけないのですね。「本当に6つか?」と思われる方は指をおって17から22まで数えてみてください。6つあることがお分かりいただけるはずです。では、22－17で求めた5とは何を表しているのでしょうか。これは植木算という考え方で説明できます。

次のように木を並べて書きます。木に17から22までの数を書きます。木が数を表しています。

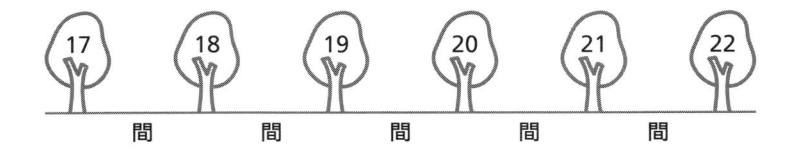

ご覧のように、木は6本あります。そして、木と木の間の数が5つあります。**22から17を引いて求めた5は、間の数を表している**のです。そして、両端に木を植える場合、木の数と間の数には、

　　　木の数＝間の数＋1

という関係が成り立ちます。だから、17から22までいくつ整数があるかを求めるためには、間の数に1をたして、

　　　　22－17**＋1**＝6

と求めるのです。

　次に、(例)の❷「今日は10月17日。10月22日まであと何日ですか」という問題の答えは6日ではありません。**あと**何日と聞かれた場合は、はじめの17日はいれませんので18日から22日の5日になるわけです。結果的に22－17＝5で**あと5日**と求めることもできます。

　1をたすかどうかという判断は慣れればかんたんなので、早めにマスターしておきたいものです。念のために、次の問題も解いておきましょう。答えを即答してください。

例❷ 0から8まで整数は全部でいくつありますか

　8と即答してしまう方がいますが、**答えは9つ**です。8－0で求めた8は間の数ですから、それに1をたして9つが答えになります。

➕ 日付計算の暗算練習

次の問いに答えましょう。
❶今日は6月5日。6月20日まであと何日ですか。
❷今日は3月20日。7月12日まであと何日ですか。

解答

❶今日は6月5日で、6月20日まであと何日か求めるときに、6日（5日の翌日）から20日までの日数を求めればよいので、20－6＋1＝15日と求まります。
結果的に20－5＝15日と求めることもできます。

<u>答え　15日</u>

❷3月と5月は31日まで、4月と6月は30日まであります。3月21日（20日の翌日）から31日までは、

　　　31－21＋1＝11日

その11日に30日（4月）、31日（5月）、30日（6月）を加えて、

　　　11＋30＋31＋30＝102

その102に7月の12日を加えて、

　　　102＋12＝114日　　　　　　　　　<u>答え　114日</u>

海外出張!
現地時間を暗算する!

難易度 👍👍👍

世界時計に頼らず
現地時間を計算しよう

海外出張のため航空券を電話予約する

航空会社受付──はい、航空券予約受付センターです。

出張予定の社員──来週15日午前11時、成田発ニューヨーク行きのチケット1枚の予約をお願いしたいんですが。

航空会社受付──ありがとうございます。予約状況をお調べしますので少々お待ちください…(確認中)…空いておりますのでお取りしますね。

出張予定の社員──お願いします。飛行時間はどのくらいですか?

航空会社受付──成田からニューヨークまで約12時間半のフライトとなります。

出張予定の社員──(頭の中で)(ニューヨークの時差は−14時間…現地到着日時は…ニューヨーク時間で15日午前9時半頃かな。一応確認しておこう)
　確認しておきたいんだけど、現地到着日時はニューヨーク時間で15日午前9時半頃かな?

航空会社受付──お客様、その通りでございます。

第3章　プラスアルファで覚えたい! 生活でも役立つ計算テクニック

✚ 時差計算はたし算と引き算だけ

　国際化が進むにつれ、外国との時差を考えて行動することが身近になりました。例えば、外国の友人に電話するときなどは、現地時間で何時か確認して、失礼のない時間に電話する必要があります。また、日本時間をもとに「ニューヨークは○時」「ロンドンは□時」と瞬時に答えられるようになると便利ですね。ここでは、時差計算を即座にする方法をお話ししていきます。

　例では、15日午前11時、成田国際空港発ニューヨーク行きのフライトについて予約センターの人と社員が話しています。飛行時間は12時間半の予定で、ニューヨークの時差は－14時間。そして、現地到着時間（ニューヨーク時間）を社員が即答します。

　時間をたしたり引いたりする必要があるので、混乱しそうですが順序良く整理して計算すれば、暗算で求めることも可能です。

　まず、ニューヨークに到着するのは日本時間で何時か求めます。計算しやすいので24時制で考えましょう。

　15日11時に出発して、飛行時間は12時間半つまり12.5時間ですから、

　　　　11時＋12.5時間＝23.5時

23.5時、**つまり日本時間の23時半にニューヨークに到着することが分かります。そのあと、時差の14時間を引いて**

　　　　23時半－14時間＝9時半

　これにより、ニューヨーク時間で15日（午前）9時半に到着することが求まりました。

　必要な計算は、次の2式だけです。

　　　　11時＋12.5時間＝23.5時
　　　　　　　　（ニューヨーク到着時の日本時間を求める）
　　　　23時半－14時間＝9時半
　　　　　　　　（日本時間をニューヨーク時間に直す）

別解　飛行時間は12時間半の予定で、ニューヨークの時差は－14時間ですから、それを先にたし引きする方法もあります。

　　　　12.5時間－14時間＝－1.5時間
　　　　　　　　（飛行時間と時差を先にたし引きする）
　　　　11時－1.5時間＝9時半
　　　　　　　　（到着するニューヨーク時間を求める）

こちらの計算のほうが楽に感じる方もいるでしょう。

時差計算の暗算練習

次の問いに答えましょう（24時制で表記しています）。

❶日本時間で現在日時は1月10日13時。ロサンゼルスの時差は－17時間。ロサンゼルスの現在日時（ロサンゼルス時間）を求めなさい。

❷12月2日12時半（日本時間）に成田国際空港発、パリ行きの飛行機に乗ります。飛行時間は13時間で、パリの時差は－8時間です。このとき、現地到着日時（パリ時間）を求めなさい。

解答

❶1月10日13時から17時間を引けば求まります。13から17を引くと、

　　　　13－17＝－4

これは1月9日24時から4時間前ということを表しますから、

　　　1月9日24時－4時間＝1月9日20時

答え　1月9日20時

❷まず、パリに到着する日本時間を求めます。

　　　12月2日12時半＋13時間＝12月2日25時半

（12月2日25時半は12月3日1時半のことですが、ここでは計算の都合上、12月2日25時半のままにします。）
12月2日25時半から時差の8時間を引いて、

　　　12月2日25時半－8時間＝12月2日17時半

答え　12月2日17時半

別解 飛行時間の13時間と、パリの時差−8時間を先にたし引きします。

13−8＝5時間

この5時間を出発時刻に加えて答えを求めます。

12月2日12時半＋5時間＝**12月2日17時半**

何票とれば当確か すぐに分かる法

難易度 👍👍👍

この方法を知れば選挙速報の見方が変わるかも

社内にて

社員1—今度、労働組合の役員を決める選挙があるらしいよ。

社員2—そうなの? 初耳だな。

社員1—うん。今回の役員候補者はA君、B君、C君、D君、E君で、その中から2人の役員を選ぶらしい。投票者は30人で1人1票投票するんだって。

社員2—へぇ〜。何票とれば当確なんだろう。

社員1—(瞬時に) 11票だよ。

社員2—11票? どうして分かるの?

社員1—知りたい? じゃあ今から説明するね。

➗ 当選人数＋1名で争う場合を考えよう

国会議員の選挙で、1％などの非常に低い開票率であるにもかかわらず「当確」が出ることがあります。どのようにして当確を決めているのでしょうか。国会議員の選挙の場合は、出口調査や

過去の調査結果、さらには開票された票数などの様々なデータを組み合わせて「間違いない」と判断された段階において、当確を出しているそうです。

　例にあげた役員選びの投票の場合は、出口調査をするわけにはいきませんし、完全な当選決定ラインが何票かを社員2が質問しています。それに対して社員1が、11票が当選決定ラインであると即答しているわけですが、どのように求められるのでしょうか。

　これは、投票算という方法によって求めることができます。投票算は、中学受験向けの算数で習う特殊算でもあります。

　例は、**5人の候補者に対して、30人が投票し、上位2名が選出される**、というものです。例えば、5人に対する投票結果が、下記のものだったとします。

　　　　A君　　10票
　　　　B君　　 6票
　　　　C君　　 4票
　　　　D君　　 8票
　　　　E君　　 2票
　　　（計　30票）

この場合は、得票数が上位2名であるA君とD君が選ばれます。

　では、何票とれば当選確実か求める方法を解説します。**ポイン**

トは、**当選人数プラス1名で争う場合を考える**ということです。**2名の当選者を決めるのですから3人で票を取り合うとき**を考えればよいのです。3人で30票を取り合うと、

　　　30÷3＝10

で3人とも10票を取る場合が考えられます。

　3人とも10票を取る場合は、3人が1位になり、上位2名を選ぶことができません。ただし、10票より1票でも多く取れば当選確実になります。だから、当選確実のためには、

　　　10＋1＝11票

とればよいことが分かります。

　必要な計算は次の2式で、暗算で解くことができますね。
　　　30÷(2＋1)＝10
　　　10＋1＝11

投票算の暗算練習

次の問いに答えましょう。
❶6名の候補者のうち、1名の当選者を選びます。投票者は50人で1人1票を投票します。何票取れば当選確実でしょうか。
❷5名の候補者のうち、3名の当選者を選びます。投票者は34人で1人1票を投票します。何票取れば当選確実でしょうか。

解答

❶ 1名の当選者を選ぶのですから、1＋1＝2人で争う場合を考えます。50票を2人で取り合う場合、

　　　50÷2＝25

で2人とも25票になっては1位を決めることはできません。25票より1票でも多ければ当選確実ですから、

　　　25＋1＝26票が答えです。　　　　　**答え　26票**

❷ 3名の当選者を選ぶのですから、3＋1＝4人で争う場合を考えます。34票を4人で取り合う場合、

　　　34÷4＝8あまり2

で4人が8票ずつ取ると2票あまることが分かります。つまり、34票をできるだけ均等にならして4人に分配すると次のようになります。

　　　9票　9票　8票　8票

9票が2人いるのは、余った2票を1票ずつ分け合ったからです。このように考えると9票の2人は当選確実です。だから答えは9票です。　　　　　　　　　　　　**答え　9票**

難易度

仕事が終わる日を求める速算術

一人一人違う仕事の能率をどう計算する？

社内にて

社員1——新入社員向けのマニュアルを作ってほしいんだけど、Aさん、Bさん、Cさんだとそれぞれ何日ぐらいで作れると思う？

社員2——うーん、Aさんにまかせたら15日かかるかな。Bさんは12日くらいかかるだろう。Cさんは仕事が速いから10日ぐらいで作れるかな。

社員1——そんなにかかっちゃうんだ。Aさん、Bさん、Cさん3人で一緒に作ってもらったらどれくらいかかりそう？

社員2——（瞬時に）Aさん、Bさん、Cさん3人で一緒に作ってもらえば、4日ぐらいで作れるはずだよ。

社員1——それは確かかな？

社員2——計算上はそうなるはずだよ。

仕事が終わる日数は「仕事算」で求めよう

　人によって、能率の良し悪しがあります。仕事の能率が違う社員にどの仕事を割り振ればもっとも効率がよくなるのか、それに頭を悩ませている管理職の方も多いでしょう。仕事の能率が違う社員が、1つの仕事を共同でするとき、どれだけの日数でその仕事を終わらせることができるのか。それが分かれば効率よく仕事の割り振りができます。

　仕事が終わる日数を仕事算という方法で求めることができるので紹介します。仕事算も中学受験向けの算数で習う特殊算の1つです。

　例では、Aさん、Bさん、Cさんはそれぞれ15日、12日、10日で仕事を終えることができます。そして、Aさん、Bさん、Cさんが一緒にマニュアルを作れば4日で終えることができると速算しています。

　どのように速算するか解説しましょう。まず、Aさん、Bさん、Cさんが仕事を終える日数に注目します。日数は15、12、10ですね。その**15、12、10の最小公倍数60をすべての仕事量とおく**のです。

　そうすると、Aさんの1日の仕事量は60÷15＝4となります。つまり、Aさんは1日に4の仕事量をすることができます。同じように、Bさんの1日の仕事量は60÷12＝5となり、Cさんの1

日の仕事量は60÷10＝6と求めることができます。

　このAさん、Bさん、Cさんが一緒に仕事をしたときの1日の仕事量は、
　　　　4＋5＋6＝15
です。

　すべての仕事が60で、1日に（3人で）15の仕事をするのですから、
　　　　60÷15＝4
で4日で仕事を終えると求めることができます。

　答えの4日を求めるのに必要であるのは次の計算だけです。
　　　　60÷15＝4
　　　　60÷12＝5
　　　　60÷10＝6
　　　　60÷（4＋5＋6）＝4

　暗算で素早く求めることもできる計算です。計算上は4日で終わるはずですが、実際は、3人一緒に仕事をすることで、メンバーの相性がよかったり悪かったり、効率がよくなったり悪くなったりするなどの要因のために4日ちょうどで終わらせるというわけにはいかないかもしれません。しかし、仕事が終わる大体の日数の目安はたてることができます。

仕事算の暗算練習

練習❶ ある仕事を終わらせるのに、Aさんは6日かかり、Bさんは8日かかり、Cさんは12日かかります。その仕事をAさん、Bさん、Cさんの3人で一緒にしたときに、何日目に仕事は終わりますか。暗算で求めましょう。

解答

Aさん、Bさん、Cさんが仕事を終えるのにかかる日数は6、8、12です。その6、8、12の最小公倍数24を全仕事量とおきます。

Aさんの1日の仕事量は24÷6＝4
Bさんの1日の仕事量は24÷8＝3
Cさんの1日の仕事量は24÷12＝2

Aさん、Bさん、Cさん3人で一緒にしたときの1日の仕事量は、
4＋3＋2＝9

全仕事量を3人の1日の仕事量合計で割ると、
24÷9＝2あまり6

これは2日終わったあと6の仕事が残るということなので、実際は、
2＋1＝3で3日目に終わります。　　**答え　3日目**

練習❷ ある仕事があります。その仕事を終わらせるのに、Aさんは5時間かかり、Bさんは7時間かかります。その仕事をAさん、Bさんの2人で一緒にしたときに、何時間何分で仕事は終わりますか。暗算で求めましょう。

解答

Aさん、Bさんが仕事を終えるのにかかる時間はそれぞれ5時間、7時間です。その5、7の最小公倍数35を全仕事量とおきます。

$$Aさんの1時間の仕事量は35÷5=7$$
$$Bさんの1時間の仕事量は35÷7=5$$

Aさん、Bさんの2人で一緒にしたときの1時間の仕事量は、
$$7+5=12$$

全仕事量を2人の1時間の仕事量合計で割ると、
$$35÷12=\frac{35}{12}=2\frac{11}{12}$$

これは$2\frac{11}{12}$時間で終えることができるということです。$2\frac{11}{12}$時間は何時間何分か求めます。$2\frac{11}{12}=2\frac{55}{60}$ですから2時間55分であることが求まります。

答え　2時間55分

「割り勘計算」は
かけ算で解く!

難易度 👍👍

酔いが回った後も
かんたんにできる割り勘計算

飲み会にて

Aさん——時間も時間だからそろそろお開きにしようか。店員さん、お会計お願いします!

店員——ありがとうございます。お会計は2万4619円です。

Bさん——7人だから……。1人3517円だね。みなさん、3517円ずつ出してくれるかな?

Aさん——おいおい、1円単位までお金を出すのは面倒だよ。お前は、計算は速いが、お金にしっかりしすぎているというか……。

Bさん——そうかな……。

Aさん——そうだよ。みんな、1人3500円ずつ出してくれ。残りは俺が払っておくよ。

第3章 プラスアルファで覚えたい! 生活でも役立つ計算テクニック

✖ 割り勘計算はかけ算を利用した概算がおすすめ

　会話の例も飲み会での会話ですし、この項目は、少し肩の力を抜いて読んでください。

　例は会社の同僚の飲み会を想定していますが、少し話をかえて、デートで割り勘にするかどうか、というのはけっこう議論があるようですね。初めてのデートで、男性が女性に1円単位までの割り勘を求めて、女性の顰蹙（ひんしゅく）を買ったというような笑い話を聞いたことがあります。デートの場合は割り勘でも1円単位まで計算することはほとんどなく、概算で大体の金額を求めて、1人分の金額を求めることが多いのではないでしょうか。

　居酒屋での会話の例でも、Bさんは、暗算が得意で1円の位まで求めましたが、割り勘で1円の位まで求めると、顰蹙を買いそうです。概算で3500円を求めて割り勘にするのが無難でしょう。

　2万4619円を7人で割って大体いくらになるかの計算は、まず、3000円×7人が2万1000円なので、2万4619から2万1000を引き3619円。その3619円は500円×7人＝3500円に近いので、3000円に500円をたして3500円を求めるのがおすすめの方法です。必要な計算は次の4つの式です。

　　　　　3000×7＝21000
　　　　　24619－21000＝3619
　　　　　500×7＝3500

3000＋500＝3500

　割り勘というぐらいですから、本来はわり算でできるのですが、**このように逆から考えてかけ算を使って概算額を求める方法がおすすめ**です。

　実際の割り勘計算は、飲み会に参加する人間関係によっても変わりますよね。例えば、7人の飲み会で、1人だけ立場が上の人がいる場合は、同じ2万4619円の会計でも上司以外の6人が1人3000円を払い、上司が6619円を払う場合もあるでしょう。もっと太っ腹の上司なら、1万2619円（他の6人は2000円ずつ）を払うこともあるでしょう。一番歓迎されるのは上司が全額払うことだと思いますが……。

　太っ腹な上司とそうでない上司がいて、その人によって負担する額が違うのは人柄が出て面白いところと言えるかもしれません。

割り勘の速算練習

次の問いに答えましょう。

❶6人の飲み会のお会計の合計は2万2284円でした。6人が均等に払うとすると1人の金額は大体いくらですか。100円の位までの概数で求めなさい。

❷8人の飲み会のお会計の合計は3万4328円でした。8人が均等に払うとすると1人の金額は大体いくらですか。100円の位までの概数で求めなさい。

解答

❶まず、3000円×6人が1万8000円なので、2万2284から1万8000を引き4284円。その4284円は700円×6人＝4200円に近いので、3000円に700円をたして**約3700円**。

❷まず、4000円×8人が3万2000円なので、3万4328から3万2000を引き2328円。その2328円は300円×8人＝2400円に近いので、4000円に300円をたして**約4300円**。

組み合わせは何通り？

難易度 👍👍👍

場合の数の計算法

社内にて

課長——A〜Hの8つの新規プロジェクト案があるんだけど、この8つのプロジェクト案から第1優先プロジェクト、第2優先プロジェクト、第3優先プロジェクトを決めたいと考えているんだよ。

社員——例えば、次のように第1から第3まで優先順位を決めるということですね。

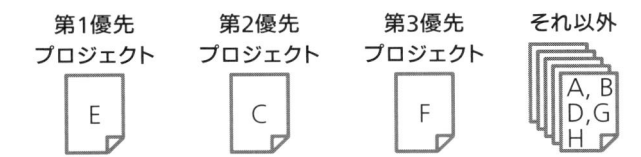

第1優先プロジェクト	第2優先プロジェクト	第3優先プロジェクト	それ以外
E	C	F	A, B, D, G, H

課長——うん、そうなんだ。あらゆる可能性を考えていきたいから、すべてのパターンを1つずつ考えていくのはどうかな？第1優先プロジェクト、第2優先プロジェクト、第3優先プロジェクトを例えば、ABC、ACB、ABD、ADB、ABE…のように順に1つずつ力ずくで検証していくのはどう思う？

社員——A〜Hの8つを、第1優先プロジェクト、第2優先プロジェクト、第3優先プロジェクトの3つに並べる並べ

方は全部で336通りありますから、1つ1つ検証していくのは大変な作業ですけど、いいですか?

課長──336通りもあるの? それを1つ1つ検証するのは大変だね……。何かよい案はないかな?

社員──まず、A〜Hの8つの中から、優先順位を決めずに、3つのプロジェクトを選ぶのはどうでしょうか。

課長──ようは、第1、第2、第3と順を決めないで、8つの中から3つのプロジェクトだけを選び出すっていうことだね。それだと何通りあるの?

社員──A〜Hの8つの中から、3つのプロジェクトを選ぶ選び方は全部で56通りですね。

課長──56通りか。56通りなら、1つ1つ検証できそうだね。よし、まずはそれでいこう!

✖ 並べ方(順列)の速算法

8つの中から3つを並べる並べ方を社員は336通りと速算しています。どのようにして社員は336通りと速算できたのか解説していきます。

まず、第1優先プロジェクト、第2優先プロジェクト、第3優先プロジェクトそれぞれにプロジェクト案のA〜Hを並べるので、次のようにA〜Hを並べるための四角を書きます。

　　　　第1優先　　第2優先　　第3優先
　　　プロジェクト　プロジェクト　プロジェクト
　　　　　□　　　　　□　　　　　□

第1の四角に入るのはA～Hの8通りです。

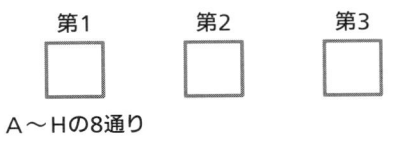

　　　　　第1　　　　第2　　　　第3
　　　　　□　　　　　□　　　　　□
　　　A～Hの8通り

第1の四角で1つ使ったので、第2の四角に入るのは8－1＝7通りです。

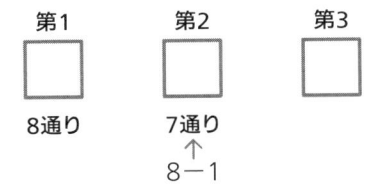

　　　　　第1　　　　第2　　　　第3
　　　　　□　　　　　□　　　　　□
　　　　8通り　　　　7通り
　　　　　　　　　　　↑
　　　　　　　　　　 8－1

第1と第2の四角で2つ使ったので、第3の四角に入るのは8－2＝6通りです。

　　　　　第1　　　　第2　　　　第3
　　　　　□　　　　　□　　　　　□
　　　　8通り　　　　7通り　　　　6通り
　　　　　　　　　　　　　　　　　↑
　　　　　　　　　　　　　　　　 8－2

これらの8、7、6をかけて、
　　　$8 \times 7 \times 6 = 56 \times 6 = 336$通り

これにより336通りと求まります。56×6は$(50＋6) \times 6$と変形して、分配法則を使えば暗算で求めることができます。

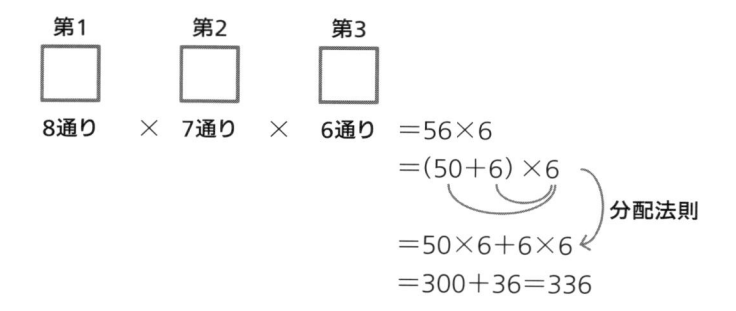

```
 第1      第2      第3
 □   ×   □   ×   □    =56×6
8通り    7通り    6通り  =(50+6)×6
                        =50×6+6×6    } 分配法則
                        =300+36=336
```

➗ 選び方（組み合わせ）の速算法

> 社員――まず、A〜Hの8つの中から、優先順位を決めずに、3つのプロジェクトを選ぶのはどうでしょうか。
>
> 課長――ようは、第1、第2、第3と順を決めないで、8つの中から3つのプロジェクトだけを選び出すっていうことだね。それだと何通りあるの?
>
> 社員――A〜Hの8つの中から、3つのプロジェクトを選ぶ選び方は全部で56通りですね。

　8つの中から3つを選ぶ選び方を社員は56通りと速算しています。A〜Hの8つのプロジェクトを第1優先から第3優先まで並べる並べ方は336通りでした。今回は8つの中から3つ選ぶだけですので、並べ方は関係ありません。例えば、A、B、C3つのプロジェクトの並べ方は3×2×1で6通りありますが、選び方ではそれをまとめて1通りと考えるということです。

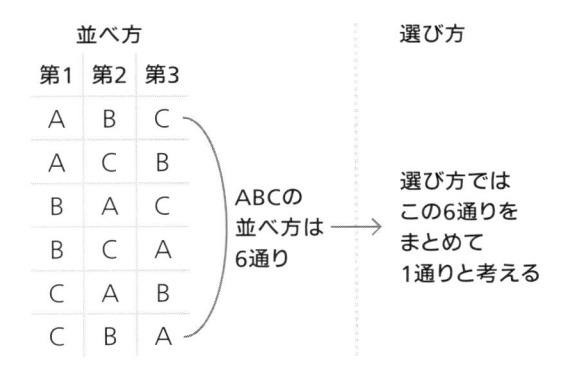

並べ方			
第1	第2	第3	
A	B	C	
A	C	B	
B	A	C	ABCの並べ方は6通り
B	C	A	
C	A	B	
C	B	A	

選び方ではこの6通りをまとめて1通りと考える

　並べ方は全部で336通りあり、選び方では、並べ方の6通りを1通りとまとめて考えます。だから、選び方の総数は、

　　　336÷6＝56通り

と求まります。

　336÷6の計算は約分方式で次のように速算することができます。

　　　336÷6
　　＝336÷（2×3）
　　＝336÷3÷2
　　＝112÷2＝56

　また、336通りが8×7×6によって求まり、6通りが3×2×1によって求まったのですから、次のようにわり算を分数にもちこんで約分することが頭の中でできれば、暗算することもできます。

$$(8×7×6) ÷ (3×2×1)$$
　　　336　　　　6　　　）わり算を分数に変換

$$=\frac{8×7×6}{3×2×1}$$
）約分する
$$=\frac{8×7×\cancel{6}}{\cancel{3}×\cancel{2}×1}$$
$$=8×7=56$$

✂ 場合の数の速算練習

次の問いに答えましょう。

❶ 9つのプロジェクト案を第1優先プロジェクト、第2優先プロジェクト、第3優先プロジェクトに並べる並べ方は何通りありますか。

❷ 9つのプロジェクト案から、3つのプロジェクトを選ぶ選び方は全部で何通りありますか。

❸ 15このプロジェクト案を第1優先プロジェクト、第2優先プロジェクトに並べる並べ方は何通りありますか。

❹ 15このプロジェクト案から、2つのプロジェクトを選ぶ選び方は全部で何通りありますか。

解答

❶9つのプロジェクト案を第1優先プロジェクト、第2優先プロジェクト、第3優先プロジェクトに並べる並べ方は下記の通りです。

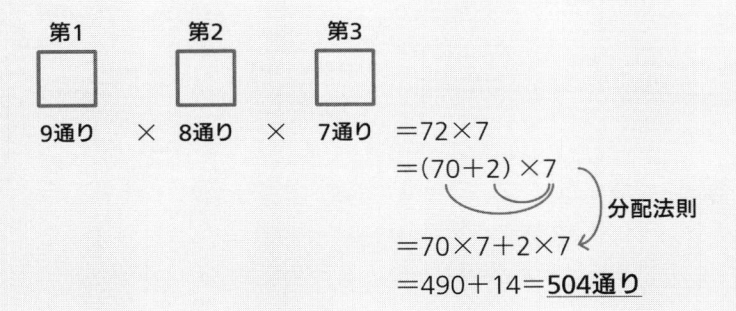

第1		第2		第3	
□		□		□	
9通り	×	8通り	×	7通り	$= 72 \times 7$

$= (70 + 2) \times 7$

$= 70 \times 7 + 2 \times 7$ ← 分配法則

$= 490 + 14 =$ **504通り**

❷3つの並べ方（$3 \times 2 \times 1 = 6$通り）を選び方では1通りと考えるので、$504 \div 6$の答えが選び方の総数になります。

$$(\underbrace{9 \times 8 \times 7}_{504}) \div (\underbrace{3 \times 2 \times 1}_{6})$$

わり算を分数に変換

$$= \frac{9 \times 8 \times 7}{3 \times 2 \times 1}$$

約分する

$$= \frac{\overset{3}{\cancel{9}} \times \overset{4}{\cancel{8}} \times 7}{\cancel{3} \times \cancel{2} \times 1}$$

$= 3 \times 4 \times 7$

$= 12 \times 7 =$ **84通り**

❸15このプロジェクト案を第1優先プロジェクト、第2優先プロジェクトに並べる並べ方は下記の通りです。

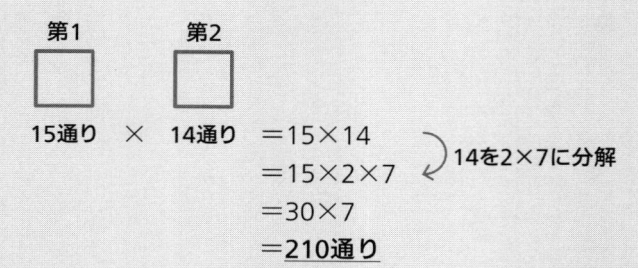

第1　　　第2
□　　　　□
15通り　×　14通り　=15×14
　　　　　　　　　　=15×2×7　　14を2×7に分解
　　　　　　　　　　=30×7
　　　　　　　　　　=<u>210通り</u>

❹2つの並べ方（2×1＝2通り）を選び方では1通りと考えるので、210÷2の答えが選び方の総数になります。
　　210÷2＝<u>105通り</u>

別解　15×14÷2
　　=15×(14÷2)
　　=15×7
　　=<u>105通り</u>

1年後の利益予想を計算する

難易度 👍👍👍

等差数列の公式を使おう!

銀行の応接室にて

融資希望者——新店舗を出す予定なのですが、予想以上に経費がかかってしまって。当面の運転資金として融資をお願いしたいのですが……。

銀行員————新設される店舗の利益予想を見せてくれますか。

融資希望者——はい、新店舗の利益予想を表にすると次の通りです。

新店舗の利益予想

月数	1ヶ月後	2ヶ月後	3ヶ月後	4ヶ月後	5ヶ月後	…
利益額 (単位:万円)	25	28	31	34	37	…

表のように、毎月3万円ずつ利益が増加していくと予想しています。表にはない6ヶ月後以降も同じように増加すると考えています。

銀行員————なるほど。この予想のまま利益が増え続けると、1年後(12ヶ月後)の新店舗の利益はいくらになるのでしょうか。

融資希望者——(瞬時に)1年後(12ヶ月後)の新店舗の利益は58

万円を予想しています。表にすると次の通りです。

新店舗の利益予想

月数	1ヶ月後	2ヶ月後	3ヶ月後	4ヶ月後	…	12ヶ月後
利益額 (単位:万円)	25	28	31	34	…	58

銀行員────なるほど。では、初めの1年間の利益総額はいくらになりますか。

融資希望者──(瞬時に)初めの1年間の利益総額は498万円を予想しています。

銀行員────なるほど。では、いただいた事業計画書をもとに当店のほうで融資ができるかどうか検討してみますね。

融資希望者──よろしくお願いします。

➕ 等差数列は公式を利用しよう

例では、融資希望者が新店舗の利益を次のように予想しています。

新店舗の利益予想

月数	1ヶ月後	2ヶ月後	3ヶ月後	4ヶ月後	5ヶ月後	…
利益額 (単位:万円)	25	28	31	34	37	…

25、28、31、34、37…と3(万円)ずつ増えていますが、このように同じ数ずつ増えていく数列を**等差数列**といいます。同じ数ずつ減っていく数列も等差数列といいます。

融資希望者と銀行員の会話では、25、28、31、34、37…とこのまま増え続けると、1年後（12ヶ月後）には58万円になると瞬時に計算しているわけです。等差数列において、何番目かの数を求めたいときに次の公式が役に立ちます。

等差数列のN番目の数の求め方

N番目の数＝はじめの数＋差×（N－1）

1年後（12ヶ月後）の利益予測もこの公式を利用すればすぐに求めることができます。25、28、31、34、37…という等差数列ですから、**はじめの数は25**で、**差は3**ですね。これをもとに1年後（12ヶ月後）の利益を求めると次のようになります。

N番目の数＝はじめの数＋差×（N－1）をもとに考えると、

12番目の数（12ヶ月後の利益）＝25＋3×（12－1）
　　　　　　　　　　　　　　　はじめの数　差　　N

　　　　　　　　　　　　　　＝25＋3×11＝58

これで1年後（12ヶ月後）の利益予測を58（万円）と求めることができます。暗算でも求められるかんたんな計算ですね。

➕ 等差数列の和も即座に求める

1年後（12ヶ月後）の利益予想を58万円と求めた後、次の会話がありました。

> 銀行員———では、初めの1年間の利益総額はいくらになりますか。
> 融資希望者—（瞬時に）初めの1年間の利益総額は498万円を予想しています。

1ヶ月後から12ヶ月後の利益をたした1年間の利益総額を498万円と速算しています。これを力ずくで計算すると次のようになります。

$$25+28+31+34+37+40+43+46+49+52+55+58=498$$

力ずくで計算するのは大変ですね。等差数列の和を求めるときに次の公式を使うと楽に和を求めることができます。

➕ 等差数列の和の求め方

等差数列の和＝（はじめの数＋終わりの数）×個数÷2

1ヶ月後から12ヶ月後の利益の和は、この公式を利用すればすぐに求めることができます。25、28、31、34、…、58という等差数列ですから、**はじめの数は25、終わりの数は58、個数は12**ですね。これをもとに1年間の利益総額を求めると次のようになります。

等差数列の和＝（はじめの数＋終わりの数）×個数÷2をもとに考えると、

　　　　　　　　　　　終わりの数
　　等差数列の和＝（25＋58）×12÷2
　　　　　　　はじめの数　　　　個数
　　　　　　　＝83×12÷2　　先に12÷2を計算
　　　　　　　＝83×6　　　　（83×12を先に計算しない）
　　　　　　　＝(80＋3)×6　　分配法則
　　　　　　　＝80×6＋3×6
　　　　　　　＝480＋18＝498

　これで1ヶ月後から12ヶ月後の利益をたした1年間の利益総額を498（万円）と求めることができました。83×12÷2の計算で、83×12を先に計算するのではなく、12÷2＝6を求めてから83×6にもちこむのがポイントです。この計算も暗算でも求められます。では、等差数列の計算を練習していきましょう。

➕ 等差数列の暗算練習

次の表はある新店舗の利益予測です。表を見て答えましょう。

新店舗の利益予測

月数	1ヶ月後	2ヶ月後	3ヶ月後	4ヶ月後	5ヶ月後	…
利益額 (単位:万円)	18	22	26	30	34	…

(6ヶ月後以降も同じように増え続けるとします)

❶20ヶ月後の利益額(予測)を暗算で求めなさい。

❷1ヶ月後から20ヶ月後までの利益総額(の予想)を暗算で求めなさい。

解答

❶**N番目の数＝はじめの数＋差×(N－1)** をもとに考えると、

20番目の数(20ヶ月後の利益)＝$\underline{18}+\underline{4}\times(\underline{20}-1)$
　　　　　　　　　　　　　　　はじめの数　差　　N

　　　　　　　　　　　＝18＋4×19

　　　　　　　　　　　＝18＋76＝94　　　**94万円**

❷**等差数列の和＝(はじめの数＋終わりの数)×個数÷2** をもとに考えると、

　　　　　　　　　　　　終わりの数
等差数列の和＝$(18+\underline{94})\times\underline{20}\div2$
　　　　　　　はじめの数　　個数

　　　　　＝112×20÷2　⤵ 先に20÷2を計算
　　　　　＝112×10
　　　　　＝1120　　　　　　　　　　　**1120万円**

"あまりなく分ける"には どうしたらいいか?

難易度

何の倍数か一瞬で見分ける「倍数判定法」

社内にて

社長――わが社は最高益を達成することができた。これはひとえに社員のおかげである。そこで、今回、営業成績がよかった上位18名に特別ボーナスを出そうと思う。

人事部長――それは社員たちが喜びそうですね。

社長――うむ。それで、特別ボーナスの配分の仕方だが……。まず、営業成績が1位から3位の者には、200万円の特別ボーナスを3人で山分けしてもらおう。

人事部長――それは太っ腹ですね。でも200は3でわり切れませんから、201万円を3名に分けるのはどうでしょうか。201なら3でわり切れます。

社長――では、そうしよう。次に、営業成績が4位から12位の者に、500万円の特別ボーナスを9人で山分けしてもらおう。

人事部長――500は9でわり切れませんから、504万円を9名に分けるのはどうでしょうか。504なら9でわり切れま

社長——分かった。次に、営業成績が13位から18位の者に、200万円の特別ボーナスを6人で山分けしてもらおう。

人事部長——200は6でわり切れませんから、198万円を6名に分配するのはどうでしょうか。198なら6でわり切れます。

社長——そうしよう。では、分配の手続きをよろしく頼む。

人事部長——承知しました。

何の倍数か一瞬で分かる倍数判定法

　ある数が2の倍数であるかどうかは一瞬で判断できますね。整数の一の位が2、4、6、8、0ならばすぐに2の倍数、つまり偶数だと分かります。また、5の倍数は、整数の一の位が0か5ですね。このように、ある数が何の倍数か判定する方法を**倍数判定法**といいます。2や5の倍数だけでなく、他の数にも倍数判定法がありますので紹介していきます。

　社長と人事部長の会話で、人事部長は**200が3の倍数ではなく（200が3でわりきれない）、201が3の倍数である（201が3でわりきれる）ことを一瞬にして判断**しています。ある数が3の倍数であるかどうかすぐに見分ける方法があります。それは次の方法です。

3の倍数の見分け方

すべての位の和が3の倍数になるとき

例えば8652はすべての位をたすと8＋6＋5＋2＝21になる。21は3の倍数なので8652は3の倍数である。

社長と人事部長の会話の例では、まず、200が3の倍数でないことを人事部長が指摘します。200のすべての位をたすと、

2＋0＋0＝2

2は3の倍数ではないので、200は3の倍数でないことが分かります。

次に、人事部長は201が3の倍数であることを指摘します。201のすべての位をたすと、

2＋0＋1＝3

3はもちろん3の倍数なので201が3の倍数であることが分かるというわけです。次の会話をみてみましょう。

> 社長――では、そうしよう。次に、営業成績が4位から12位の者に、500万円の特別ボーナスを9人で山分けしてもらおう。
> 人事部長――500は9でわりきれませんから、504万円を9名に分けるのはどうでしょうか。504なら9でわり切れます。

この会話で、人事部長は**500が9の倍数ではなく（500が9でわ**

りきれない)、**504が9の倍数である（504が9でわりきれる）ことを一瞬にして判断**しています。9の倍数判定法を紹介しましょう。

9の倍数の見分け方

すべての位の和が9の倍数になるとき

例えば9585はすべての位をたすと9＋5＋8＋5＝27になる。27は9の倍数なので9585は9の倍数である。

3の倍数の見分け方と似ていますね。社長と人事部長の会話の例では、まず、500が9の倍数でないことを人事部長が指摘します。500のすべての位をたすと、

5＋0＋0＝5

5は9の倍数ではないので、500は9の倍数でないことが分かります。

次に、人事部長は504が9の倍数であることを指摘します。504のすべての位をたすと、

5＋0＋4＝9

9は、9の倍数なので504が9の倍数であることが分かるというわけです。次の会話をみてみましょう。

社長——分かった。次に、営業成績が13位から18位の者に、200万円の特別ボーナスを6人で山分けしてもらおう。

人事部長―200は6でわり切れませんから、198万円を6名に分配するのはどうでしょうか。198なら6でわり切れます。

　この会話で、人事部長は**200が6の倍数ではなく（200が6でわりきれない）、198が6の倍数である（198が6でわりきれる）ことを一瞬にして判断**しています。6の倍数判定法を紹介しましょう。

6の倍数の見分け方

2の倍数と3の倍数の判定法がどちらも成り立つとき。つまり、一の位が偶数で、すべての位の和が3の倍数になるとき

　例えば7308は一の位が偶数の8で、すべての位の和が7＋3＋0＋8＝18で3の倍数となるので、7308は6の倍数である。

　6＝2×3なので、2の倍数と3の倍数の判定法がどちらも成り立つとき、その数は6の倍数であることがいえるということです。

　会話の例では、まず、200が6の倍数でないことを人事部長が指摘します。200は一の位の0が偶数である（2の倍数である）ということは満たしていますが、200のすべての位をたすと、
　　　　2＋0＋0＝2
　2は3の倍数ではないので、200は6の倍数でないことが分かります。

次に、人事部長は198が6の倍数であることを指摘します。198は一の位の8が偶数である（2の倍数である）ということを満たしています。198のすべての位をたすと、

$$1+9+8=18$$

18は3の倍数なので198が6の倍数であることが分かるというわけです。

3、6、9の倍数判定法を紹介しましたが、他の倍数判定法も紹介します。

❌ 4の倍数の見分け方

下2ケタの数が00、04、08か4の倍数になるとき
例えば5728は下2ケタの28が4の倍数なので、4の倍数である。

❌ 8の倍数の見分け方

下3ケタの数が000か8の倍数のとき
例えば9328は下3ケタの328が8の倍数なので、8の倍数である。

❌ 7の倍数の見分け方

3ケタの数の場合、下2ケタの数に百の位の数を2倍した数をたした数が7の倍数のとき
例えば511は3ケタであり、下2ケタの数11に百の位の数5を

2倍した10をたすと21になる。21は7の倍数なので511は7の倍数である。

11の倍数の見分け方

それぞれの位の数を交互に引いたりたしたりした結果が0か11の倍数のとき

例えば9295のそれぞれの位の数を交互に引いたりたしたりすると

9－2＋9－5＝11であるから、9295は11の倍数である。

12の倍数の見分け方

3の倍数と4の倍数の判定法がどちらも成り立つとき。つまり、すべての位の和が3の倍数になり、下2ケタの数が00、04、08か4の倍数になるとき

例えば924は9＋2＋4＝15で3の倍数となり、下2ケタの24が4の倍数なので、924は12の倍数である。

これら以外にも倍数判定法はありますが、これくらい知っておけば十分です。11の倍数判定法はユニークですね。それぞれの位の数を、引いて、たして、引いて…を繰り返した結果が0か11の倍数になれば11の倍数と判定できるのです。この判定法では、引き算から始めるのがポイントです。

例えば、919292のそれぞれの位の数を交互に引いたりたし

りすると、

$$9-1+9-2+9-2=\underset{\text{11の倍数}}{\boxed{22}}$$
↑
引き算からはじめる

22は11の倍数なので、919292が11の倍数であると分かるわけです。数の不思議さの一端が垣間見えますね。では、倍数判定法を練習しましょう。

✗ 倍数判定法の練習

次の問いに答えましょう。
❶次の数のうち、3の倍数はどれか。
151、59714、5748、2111、946
❷次の数のうち、6の倍数はどれか。
3494、6187、1166、7215、9468
❸次の数のうち、9の倍数はどれか。
5524、759、6048、9733、1025
❹次の数のうち、7の倍数はどれか。
278、132、934、615、812
❺次の数のうち、11の倍数はどれか。
9727、741557、108625、113818、61051

解答

❶すべての位の和が3の倍数になるとき、3の倍数である。
　5748のすべての位をたすと

5+7+4+8＝24になる。24は3の倍数なので**5748は3の倍数である。**

❷2の倍数と3の倍数の判定法がどちらも成り立つとき、つまり、一の位が偶数で、すべての位の和が3の倍数になるとき、6の倍数である。
9468は一の位が偶数の8で、すべての位の和が9+4+6+8＝27で3の倍数となるので、**9468は6の倍数である。**

❸すべての位の和が9の倍数になるとき、9の倍数である。
6048はすべての位をたすと、
6+0+4+8＝18になる。18は9の倍数なので**6048は9の倍数である。**

❹3ケタの数の場合、下2ケタの数に百の位の数を2倍した数をたした数が7の倍数のとき、7の倍数である。
812は3ケタであり、下2ケタの数12に百の位の数8を2倍した16をたすと28になる。28は7の倍数なので**812は7の倍数である。**

❺それぞれの位の数を交互に引いたりたしたりした結果が0か11の倍数のとき、11の倍数である。
108625のそれぞれの位の数を交互に引いたりたしたりすると、
1−0+8−6+2−5＝0であるから、**108625は11の倍数である。**

難易度 👍👍👍

データ分析に有効!
平均の速算法

複数の数値の「平均」を即座に求める!

社内にて

社員——先週の月曜から金曜の売上額は次の通りです。

月曜から金曜の売上額(単位:万円)

月曜	火曜	水曜	木曜	金曜
78	83	75	86	88

部長——1日当たりの平均売上額が知りたいな。えっと、まず合計を出して、78+83+75+86+88は……。

社員——平均は82万円ですね。

部長——むむ……、君は計算が速いんだな。ところで先週の月曜から金曜の利益はどうだったかな?

社員——はい、先週の月曜から金曜の利益は次の通りです。

月曜から金曜の利益額(単位:万円)

月曜	火曜	水曜	木曜	金曜
19.3	19.8	19.2	20.3	20.4

部長——先週の1日当たりの平均利益額は……、これも暗算で

きるかね?

社員──(瞬時に)はい、1日の平均利益額は19万8,000円です。

平均の速算法

　平均は、統計において最もメジャーな代表値の1つです。仕事でも平均を扱う頻度が高いだけに、かんたんな数値の平均なら暗算で求められるようになっておきたいものです。ここでは平均を暗算で求める方法を紹介します。

　社員と部長の会話で、社員は78、83、75、86、88の平均を瞬時に82と求めています。平均は合計÷個数で求めることができますから、通常の方法で求めてみると、
　　　(78＋83＋75＋86＋88)÷5＝82
この計算で82万円と求めることができます。

　ただし、78＋83＋75＋86＋88＝410を計算するのは時間がかかりますし、その後の410÷5の計算も面倒です。

　このような面倒な計算なしで平均を速算するために、**基準を決めて、その基準との差を考えて平均を求める方法**がありますので説明していきます。

基準を決めて平均を求める方法

月曜から金曜の売上額(単位:万円)

月曜	火曜	水曜	木曜	金曜
78	83	75	86	88

❶まず、基準を決めます。表をみると80前後の数が並んでいるので、ここでは**80を基準として考えましょう。**

❷月曜から金曜までのそれぞれの数値と**基準との差を求めます。**基準の80との差をそれぞれ求めると次のようになります。

月曜から金曜の売上額(単位:万円)

	月曜	火曜	水曜	木曜	金曜
	78	83	75	86	88
80との差	−2	+3	−5	+6	+8

❸基準の80との差を合計します。
　　　−2+3−5+6+8=10

❹❸で求めた10を個数(月曜から金曜の日数)の5でわります。
　　　10÷5=2

❺❹で求めた2を基準の80にたします。
　　　80+2=82

この82が平均です。単位の万円をつけて、平均は82万円と求まりました。

平均を教科書的な求め方で求めようとすると（78＋83＋75＋86＋88）÷5という計算が必要になり、暗算で求めるのはなかなか大変ですが、基準との差を考える方法ですと（－2＋3－5＋6＋8）÷5＋80で求めることができるので、これならば暗算でも求めることができますね。

　ちなみに、上の例では80を基準として求めましたが、どんな数を基準としても平均を求めることができます。試しに85を基準として平均を求めてみましょう。

　基準の85との差をそれぞれ求めると次のようになります。

月曜から金曜の売上額（単位：万円）

	月曜	火曜	水曜	木曜	金曜
	78	83	75	86	88
85との差	－7	－2	－10	＋1	＋3

　基準の85との差を合計して日数の5でわると、
　　　　（－7－2－10＋1＋3）÷5
　　　＝－15÷5＝－3

　基準の85にこの－3をたして、
　　　　85＋（－3）＝82
これで82万円と求めることができました。

　この基準との差を考えて平均を求める方法では、**どの数を基準**

とおくかによって計算のしやすさがかわってきます。**平均に近いであろうきりのよい数を基準におくと、計算しやすいことが多い**です。

社員と部長の会話にあった次の例も暗算で求めることができます。

> 社員――はい、先週の月曜から金曜の利益は次の通りです。
>
> **月曜から金曜の利益額**(単位:万円)
>
> | 月曜 | 火曜 | 水曜 | 木曜 | 金曜 |
> |---|---|---|---|---|
> | 19.3 | 19.8 | 19.2 | 20.3 | 20.4 |
>
> 部長――先週の1日当たりの平均利益額は……、これも暗算できるかね?
>
> 社員――(瞬時に)はい、1日の平均利益額は19万8,000円です。

この例では、何を基準におけば平均を求めやすいと思いますか? そう、20ですね。**平均に近いであろうきりのよい数を基準におくと、計算しやすい**ことから20を基準にして考えましょう。基準の20との差を求めると次のようになります。

月曜から金曜の利益額(単位:万円)

	月曜	火曜	水曜	木曜	金曜
	19.3	19.8	19.2	20.3	20.4
20との差	−0.7	−0.2	−0.8	+0.3	+0.4

そして、それぞれの差を合計して、日数の5で割ると次のよう

になります。
$$(-0.7-0.2-0.8+0.3+0.4)÷5$$
$$=-1÷5=-0.2$$

　基準の20とこの-0.2をたして
$$20+(-0.2)=19.8$$
これで19.8万円、すなわち19万8,000円と求めることができました。これも暗算で求められる計算です。

　では、基準との差を考えて平均を求める方法を練習しましょう。

平均の暗算練習

次の数の平均を計算してみましょう。

❶ 54、47、59、45、51
❷ 81、92、85、97、82、84、95、96
❸ 6.8、7.3、6.5、7.8
❹ 291、307、297、305、292、296

解答

❶ 50を基準とします。

	54	47	59	45	51
50との差	+4	−3	+9	−5	+1

50との差を合計して5でわります。

$$(+4-3+9-5+1)÷5=1.2$$

基準の50にこの1.2をたして、

$$50+1.2=\underline{\mathbf{51.2}}$$

❷ 90を基準とします。

	81	92	85	97	82	84	95	96
90との差	−9	+2	−5	+7	−8	−6	+5	+6

90との差を合計して8でわります。

$$(-9+2-5+7-8-6+5+6)÷8$$
$$=-8÷8=-1$$

基準の90にこの−1をたして、90+(−1)=<u>**89**</u>

❸7を基準とします。

	6.8	7.3	6.5	7.8
7との差	**−0.2**	**+0.3**	**−0.5**	**+0.8**

7との差を合計して4でわります。
$$(-0.2+0.3-0.5+0.8)\div4$$
$$=0.4\div4=0.1$$
基準の7にこの0.1をたして、
$$7+0.1=\underline{\mathbf{7.1}}$$

❹300を基準とします。

	291	307	297	305	292	296
300との差	**−9**	**+7**	**−3**	**+5**	**−8**	**−4**

300との差を合計して6でわります。
$$(-9+7-3+5-8-4)\div6$$
$$=-12\div6=-2$$
基準の300にこの−2をたして、
$$300+(-2)=\underline{\mathbf{298}}$$

[著者]
小杉拓也（こすぎ・たくや）

東京大学経済学部卒。IT関連会社を経て、中学受験塾SAPIXグループの個別指導塾の講師へ。その後、プロ家庭教師として独立。常にキャンセル待ちの出る人気教師となる。2012年2月個別指導塾「志進ゼミナール」を埼玉で開業。塾長として生徒の指導、教室の運営にあたる。指導教科は小学校と中学校の全科目。特に中学受験対策を得意とし、毎年難関中学に合格者を輩出している。暗算法の開発や研究にも力を入れている。著書は、『この1冊で一気におさらい！小中学校9年分の算数・数学がわかる本』（ダイヤモンド社）、『2ケタ×2ケタが楽しく解けるニコニコ暗算法』（自由国民社）、『中学受験算数・東大卒プロ家庭教師がやさしく教える「割合」キソのキソ』、『この裏ワザでなぜ中学受験に受かるのか』、『中学受験算数・計算の工夫と暗算術を究める』（以上、エール出版社）。

進学塾「志進ゼミナール」（埼玉県志木市）　http://kosgi.net/
ブログ　http://prokateikyoushi.blog46.fc2.com/
メール　info@kosgi.net

ビジネスで差がつく計算力の鍛え方
―― 「アイツは数字に強い」と言われる34のテクニック

2013年 9月27日　第 1 刷発行
2013年10月28日　第 2 刷発行

著　者――――小杉拓也
発行所――――ダイヤモンド社
　　　　　　　〒150-8409　東京都渋谷区神宮前6-12-17
　　　　　　　http://www.diamond.co.jp/
　　　　　　　電話／03・5778・7232（編集）　03・5778・7240（販売）
装丁―――――金井久幸（TwoThree）
本文デザイン――生沼伸子
イラスト―――SMO
製作進行―――ダイヤモンド・グラフィック社
印刷―――――堀内印刷所（本文）・慶昌堂印刷（カバー）
製本―――――本間製本
編集担当―――真田友美

©2013 Takuya Kosugi
ISBN 978-4-478-02357-0
落丁・乱丁本はお手数ですが小社営業局宛にお送りください。送料小社負担にてお取替えいたします。但し、古書店で購入されたものについてはお取替えできません。
無断転載・複製を禁ず
Printed in Japan